想 象 之 外 · 品 质 文 字

北京领读文化传媒有限责任公司　　出品

藏在木头里的灵魂

Essai sur l'architecture chinoise

中 国 建 筑 彩 绘 笔 记

[法] 佚名——著　　范冬阳——译

北京时代华文书局

图书在版编目（CIP）数据

藏在木头里的灵魂：中国建筑彩绘笔记／范冬阳译．—北京：北京时代华文书局，2017.6

ISBN 978 7 5699-1562-4

Ⅰ．①藏… Ⅱ．①范… Ⅲ．①古建筑－彩绘－中国 Ⅳ．① TU － 851

中国版本图书馆 CIP 数据核字（2017）第 096634 号

藏在木头里的灵魂：中国建筑彩绘笔记

CANG ZAI MUTOU LI DE LINGHUN ZHONGGUO JIANZHU CAIHUI BIJI

著　　者 | 佚　名
译　　者 | 范冬阳

出 版 人 | 王训海
选题策划 | 领读文化
责任编辑 | 孟繁强
装帧设计 | 好谢翔
责任印制 | 刘　银

出版发行 | 北京时代华文书局 http://www.bjsdsj.com.cn
　　　　　北京市东城区安定门外大街 136 号皇城国际大厦 A 座 8 楼
　　　　　邮编：100011　电话：010 - 64267955　64267677
印　　刷 | 北京金特印刷有限责任公司
　　　　　（如发现印装质量问题，请与印刷厂联系调换）
开　　本 | 880mm×1230mm　1/32　印　张 | 7.75　字　数 | 150 千字
版　　次 | 2017 年 6 月第 1 版　　印　次 | 2018 年 4 月第 2 次印刷
书　　号 | ISBN 978-7-5699-1562-4
定　　价 | 68.00 元

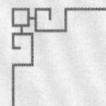

目录

译者序

前言

上册

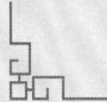

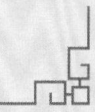

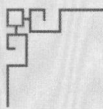
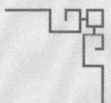

下 册

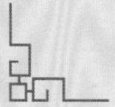
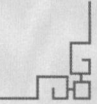

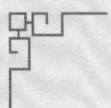
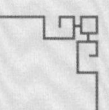

　　偶然的因缘，让我有机会把这本十八世纪写成的书从法语翻译成中文——《论中国建筑》，中文版出版后书名为《藏在木头里的灵魂：中国建筑彩绘笔记》。

　　两三百年后的今天，如果有人敢写名字如此大气的书，那至少是位著作等身、鹤发童颜的建筑学专家。然而，本书的作者是位法国传教士——时空消散，专门从事文化艺术史研究的学者考其姓名履历已不可得，我们只能从字里行间的吉光片羽中看出：他会中文、进过皇家园林、应该没有建筑专业背景、少言多思、具有宗教人士典型的谨慎和反省精神……

　　所以，书名如此宏大，反映的不是作者的超人勇气，而是当时的认知条件。

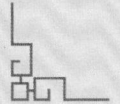
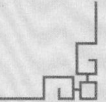

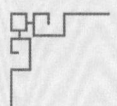

　　十五世纪地理大发现开始以后，中国逐渐出现在欧洲人的视野

中。发展至成书的十八世纪，富庶广阔的中国俨然成为欧洲人想象

中的文明世界。然而限于遥远的距离、危险的交通和少量的纸媒，

这个文明国度的信息只能依靠远道而来的使节、商人、传教士等最

初的探险者进行传播。可以想象，当时的法国人从中国回到欧洲，

给他的同胞们讲中国建筑，不啻于今天的航天员回到地球，向我们

介绍他刚刚飞过的月球表面环形山。作者知道，山有好多种，要分

类讲；为什么有这些种类，没在月亮上呆那么久，也不完全知道，

只能按地球人的方式分类。作者还知道，人们真正感兴趣的，是那

个月亮。

　　所以，用西欧地区十八世纪已经相对成熟的科学思维认识和解

析中国建筑，是作者不自觉中采用的做法；从建筑中反映中国的整

体情况，是作者无形中给自己和这本书的任务。

　　基于这样的原因，这本书呈现出这样几个特点：

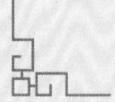

1. 从彩绘图来看：资料来源是多样的，图面信息是综合的，画中建筑是真实与想象并存的。这样能够展示的是更具有典型意义和足够内涵的"中国建筑"。

中式轴侧画法和西式透视法同时出现在书内，可以推测绘画资料由中法画工分别完成后编纂而成，几幅带有中文文字的图（墙和照屏部分）昭示了中国画工的最小工作量。一些明显是根据想象创作的图画（"台"）甚至可能有作者本人参与创作构思。即使是历史上确实存在过的建筑，画面内也存在真实建筑与抽象类型结合的情况（"亭"等）。

2. 从作者的文字来看：作者试图描述的现象和解释的内容是多角度的。如果说《营造法式》中的中国建筑是技术性的，《园冶》中是文学性的，那么本书中则是社会科学性的。 与其说作者在解析中国建筑的"形态"，倒不如说在解析中国社会的"形态学"（morphology）。

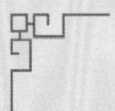

　　作者一边按照线性的逻辑从小到大、由简至繁对建筑进行解析：从工具－砖瓦－墙－照屏－亭子－桥－塔；到住宅的单层－双层－三层－室内－台，同时他又会从照屏变化中介绍官员体系与形制规定、从亭子中看到"山水"这种独特的中国景观，在室内的细节里描述社会地位与交往礼仪的分寸，从塔和台的关系猜测统治阶层的信仰和理想……"看到建成后的园林，就仿佛看到了建造者在整个帝国内进行的各种征集聚敛。"（见"亭"），在作者眼中，建筑不是凝固的音乐，而是凝固的社会生活整体。

　　3. 从今天的视角看，书中有一些谬误、空白和貌似冗余的信息。

　　比如对建筑的分类主要基于单体的几何形态差异（中国建筑的内生逻辑是整体性和关系性的，此不赘述）；完全忽略了对中国建筑的核心——木构造技术的介绍，如果真的就是"论建筑"，那么专业性显然不足（因此请希望系统学习"中国建筑"的读者选择更加权威的著作）。

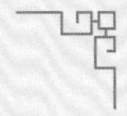

　　作者身为宗教人士，却没有深入了解当时在中国盛行而历史悠久的佛教，以至于不知道"塔"的形状来自哪里，甚至要去欧洲古代寻找（事实上佛教也确实在二十世纪初才在欧洲开始广泛传播）。也因此我大胆揣测，最后出现的"台"的部分，单独看甚是无厘头，其实可能是作者在有限的经验内对塔的来源做出了假设，努力从中国历史源头上寻找种子、建立因果。却没想到历史的发展完全可以因为外来文化的介入而获取新的形式。

　　其他在今天看来都经不起推敲细节还有很多，然而无论如何，本书的工作完整地体现了十八世纪的欧洲精神——就是启蒙运动所倡导的"科学"。作者以中国建筑为对象，完成了"收集资料－分类－分析－假设并寻求佐证－建立因果和解释/存疑"的全过程。——或许今天的我们对科学研究方法已司空见惯，然而在三百年前，成千上万欧洲传教士就是用这种方式认识了世界上还不具备科学精神的领土，并迅速实现了对其物质财富和精神财富的利用和占有。就

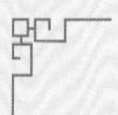

在本书完成一个世纪以后，欧洲崛起，而直至今日，我们还在大量输入"西方建筑"……

正如作者在原书开篇的问题："有必要在欧洲介绍中国建筑么？"我们也要问："有必要在现今推出这本书么？"尤其当今天的学术界对中国古建筑的系统研究已经达到前所未有的深度和细节，而实践中现代建筑又几乎完全吞噬了古建筑的生存空间。

我觉得，这本书的价值在于，让我们更加慎重地对待认知和理解：明白不同文明阶段、不同思考范式对同一事物的认知差异以及可能出现的结果，并由此知道，我们看到的事实和因果在不断演进，发现科学真相是无限逼近的过程。故此，翻译也本着尽量保留历史信息的原则，不对任何前述的明显谬误做出更改，尽可能保留原书的表达，让读者感受历史时空的陌生和似曾相识。

当然，除了这些抽象的意义，书中的彩画制作精美，内容丰富，哪怕仅仅当作装饰图册来看，能激发的关于中国大清帝国时期的繁

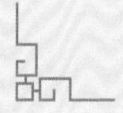

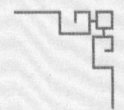

华想象也是美不胜收。

三百年前的作者站在法国看中国，我们站在三百年后的中国看他眼中的自己。知识的整体就是各个部分的相互观照、嵌入和互耦，而进步就是由此引起的反观自省和重构。希望我浅薄的见解，能为不吝热情观照此书的读者们提供一点线索，贻笑大方的同时也抛砖引玉，促成共同的探讨和成长。

感谢并纪念这位为我们留下珍贵历史资料的无名法国传教士。

二〇一七年元月于清华园

范冬阳

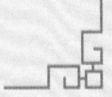

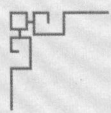
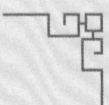

有必要在欧洲介绍中国建筑么？其中的知识有用吗？回答这个问题的最好的办法就是出版这个小画册，我们在其中可以补充一些没能给出的答案。限于篇幅，我们不能在每个部分都尽情展开，就只是提供相关的专业术语；在需要详细解释的部分附上部件的简单草图，但对这些草图的内容我们是有所保留的，因为我们当时没能留下文件的副本。

我们似乎还算比较轻松地了解了中国的一些工艺，下面就开始认识这一册中的木工、泥瓦工和屋面工的工具及器具。看图就能获得的信息便不再赘述，只对不容易理解的部分标注名称或解释。

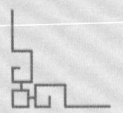
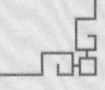

中国建筑彩绘笔记 上册

一 建筑工具

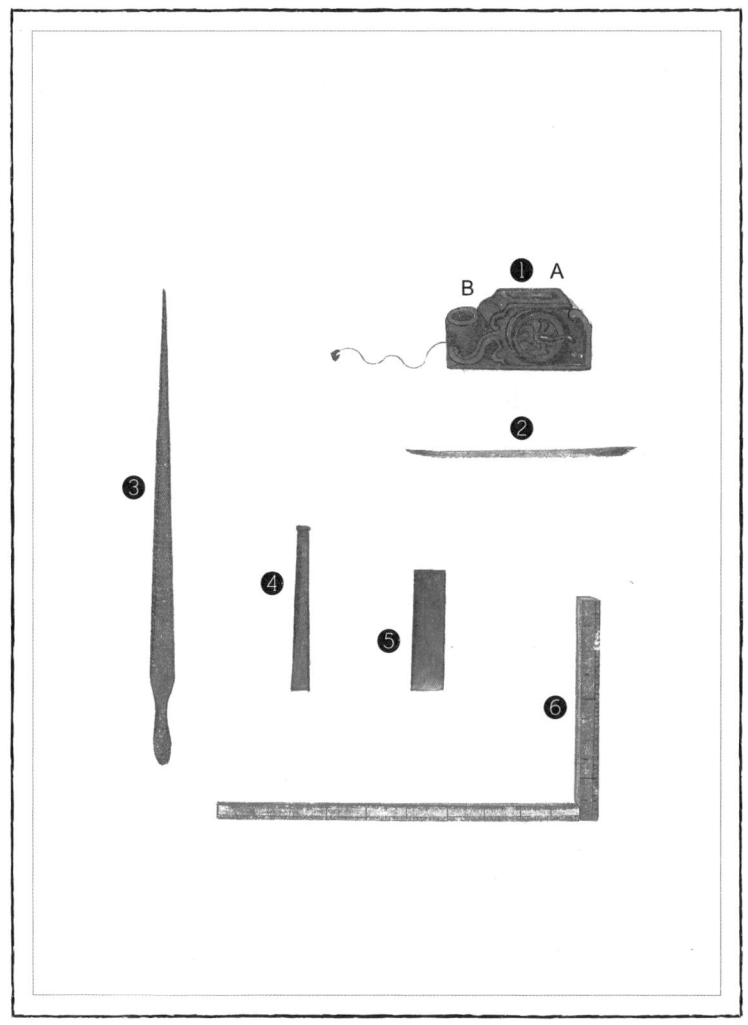

1. 墨斗，墨线缠绕在绞轮上。

A. 放线时穿过油墨盘。　　B. 在这里线沾上黑色，绷紧后轻微振动就可以画出直线。

2. 竹子制作的划线笔。

3. 锉刀。

4. 凿子。

5. 凿子。

6. 方尺。

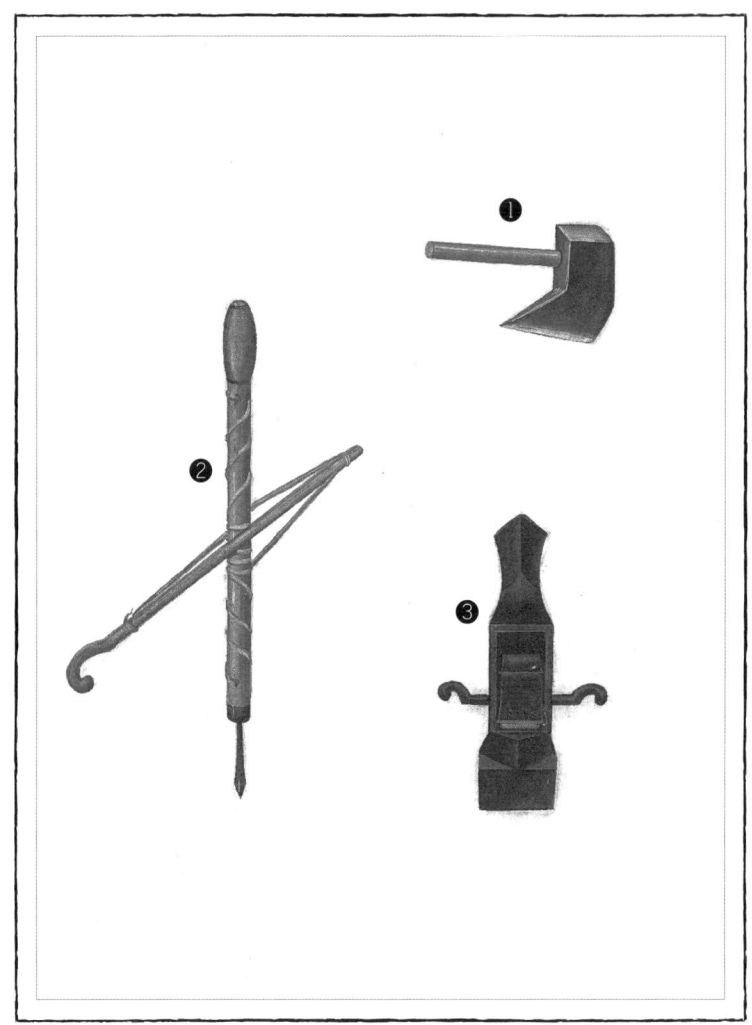

木工工具

1. 斧头。

2. 手拉钻。

3. 刨子。

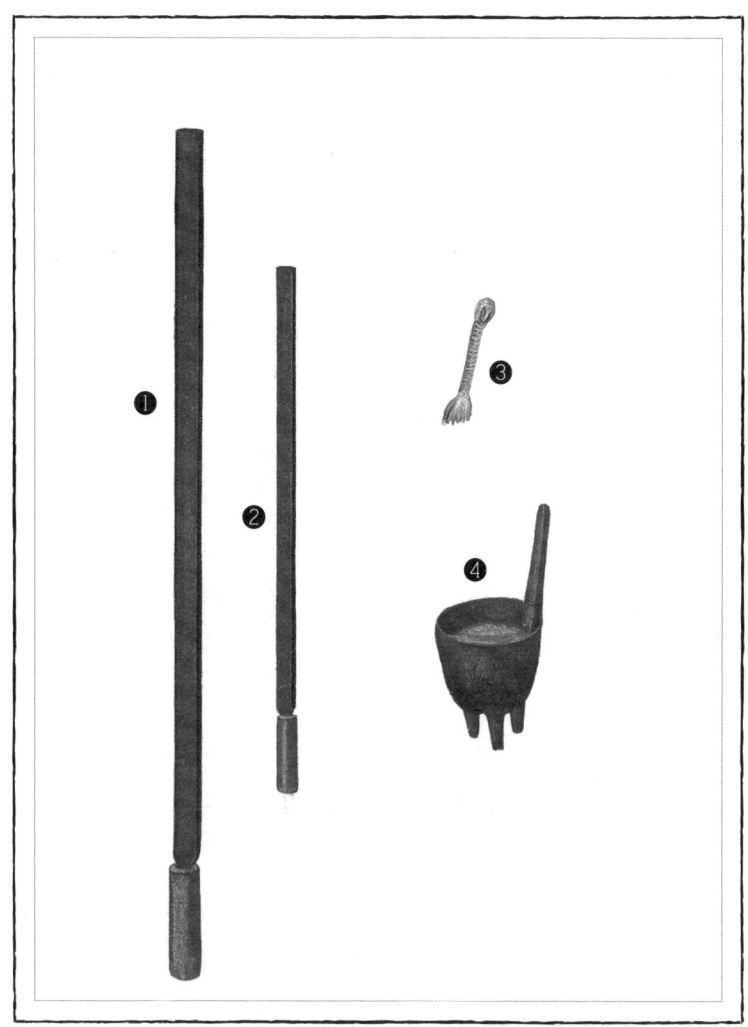

木工工具

1. 锉刀。

2. 锉刀。

3. 麻绳做的笔。

4. 装胶泥的罐子。

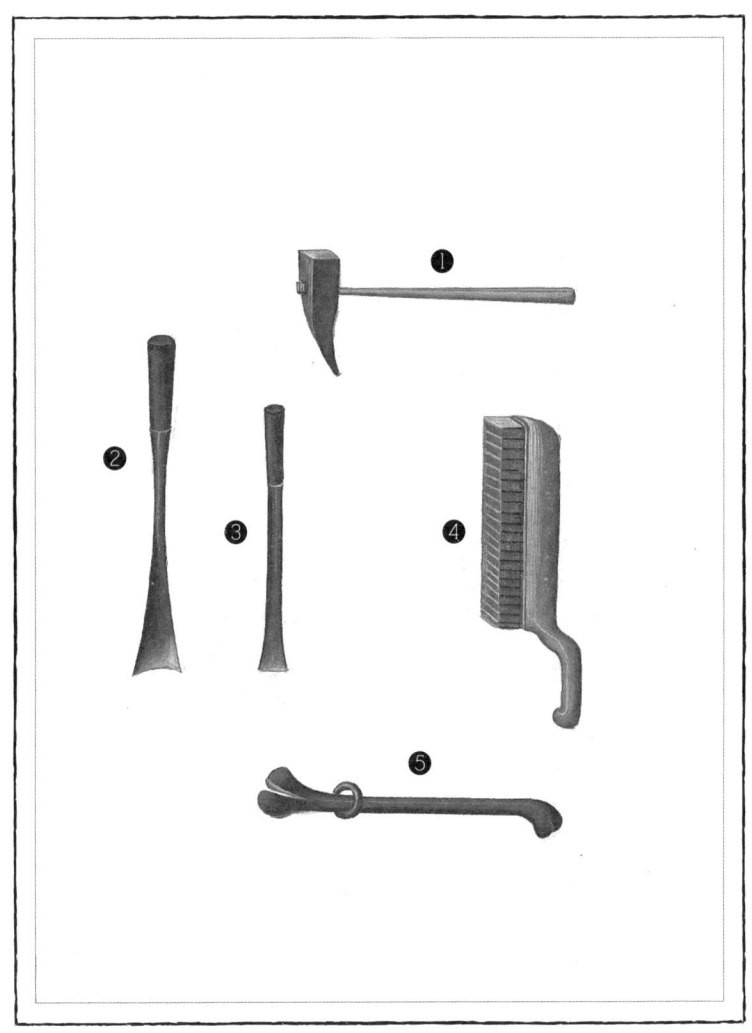

木工工具

1. 尖头锤。

2. 扁铲。

3. 扁铲。

4. 钢刷。

5. 起钉器。

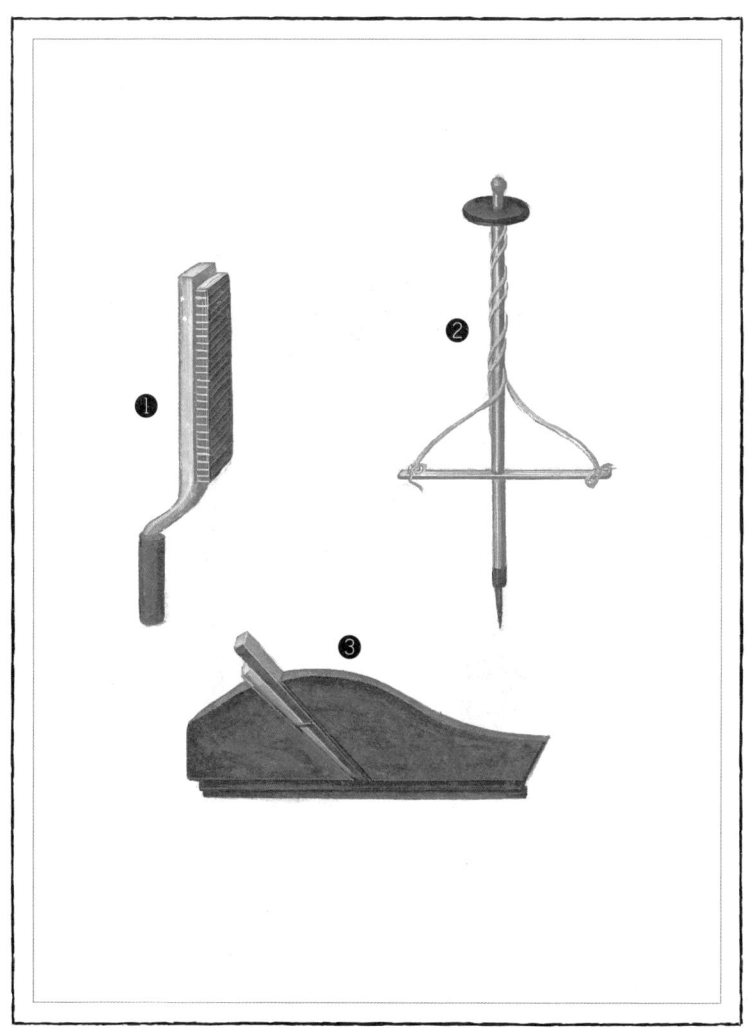

木工工具

1. 钢刷。

2. 手拉钻。

3. 线脚刨。

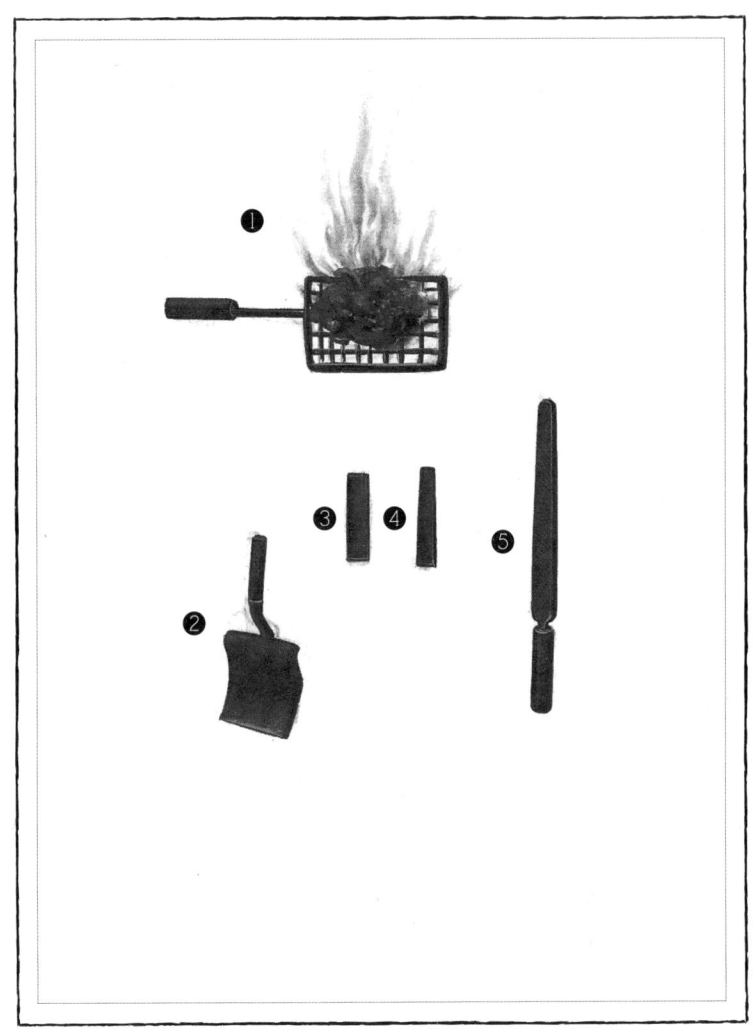

木工工具

1. 装着烧红炭块的烤架，隔着木头熨过去让其中的松蜡融化。

2. 铲子。

3. 凿子。

4. 凿子。

5. 锉刀。

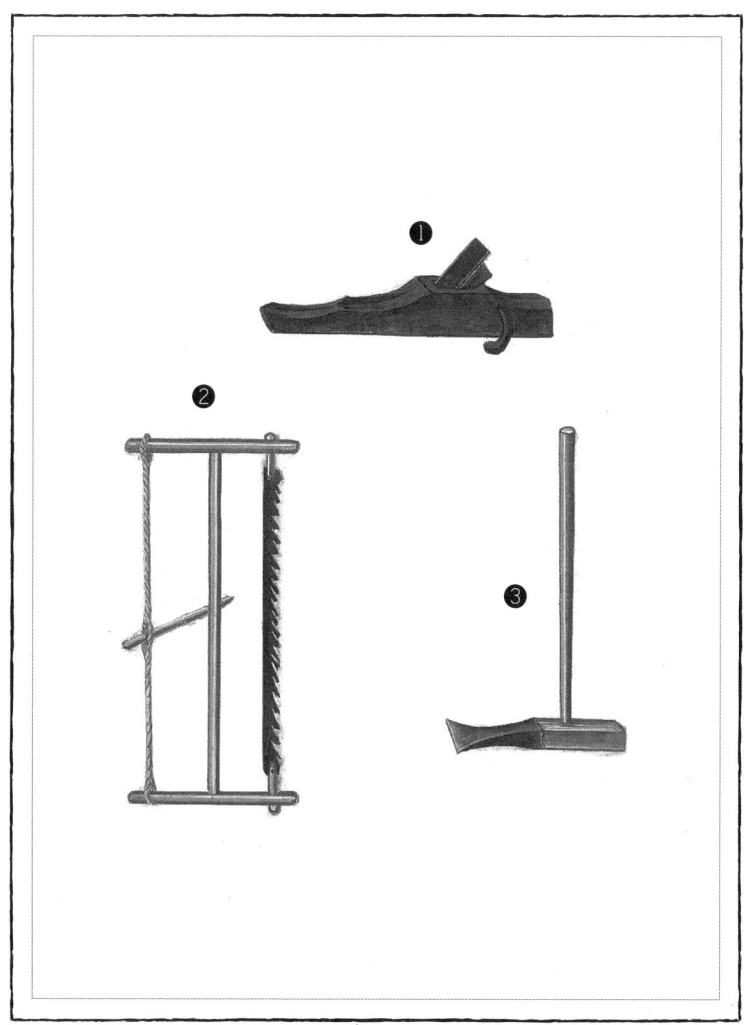

木工工具

1. 刨子。

2. 搭边锯。

3. 锛子。

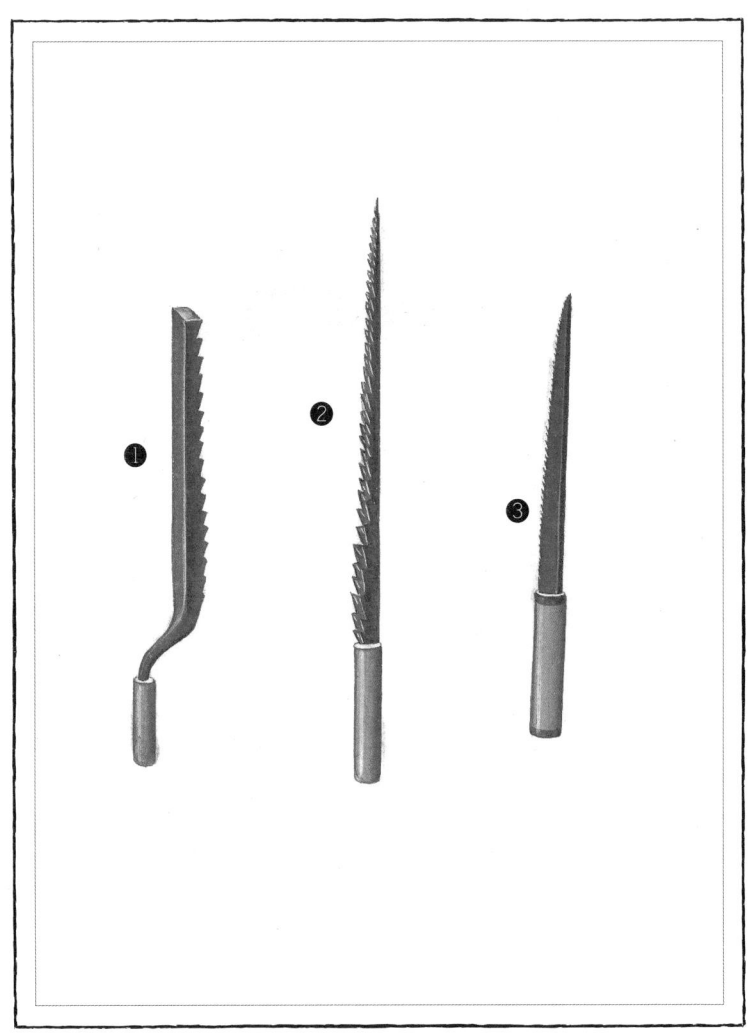

木工工具

1. 锉刀。

2. 锉刀。

3. 锉刀。

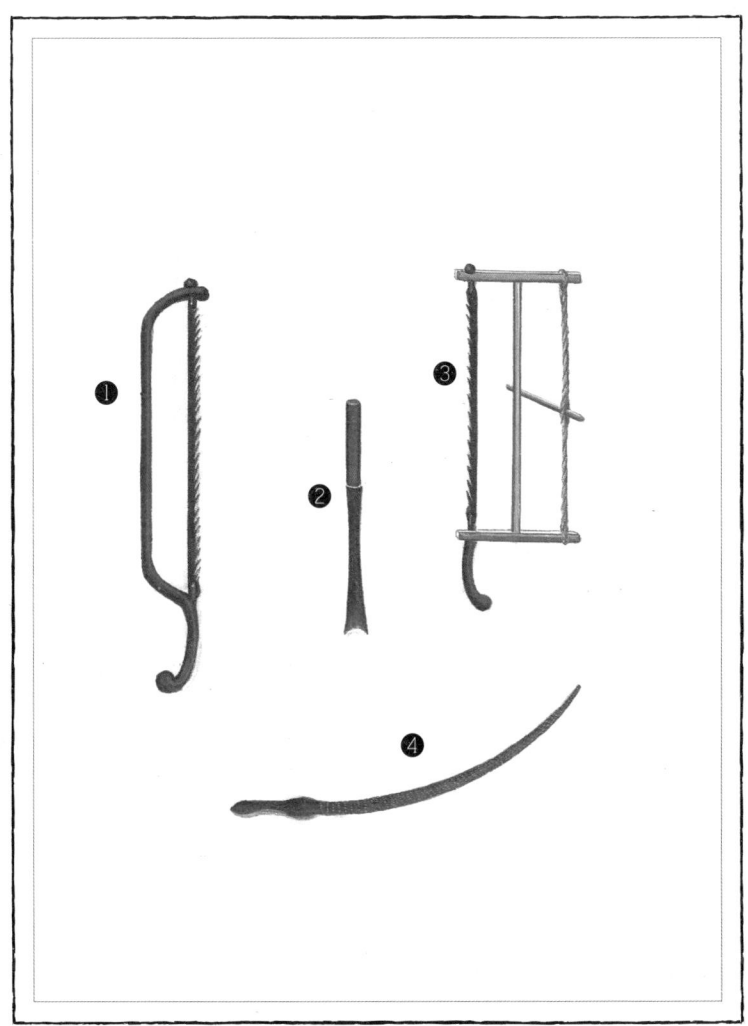

木工工具

1. 弓形锯。

2. 凿子。

3. 搭边锯。

4. 锉刀。

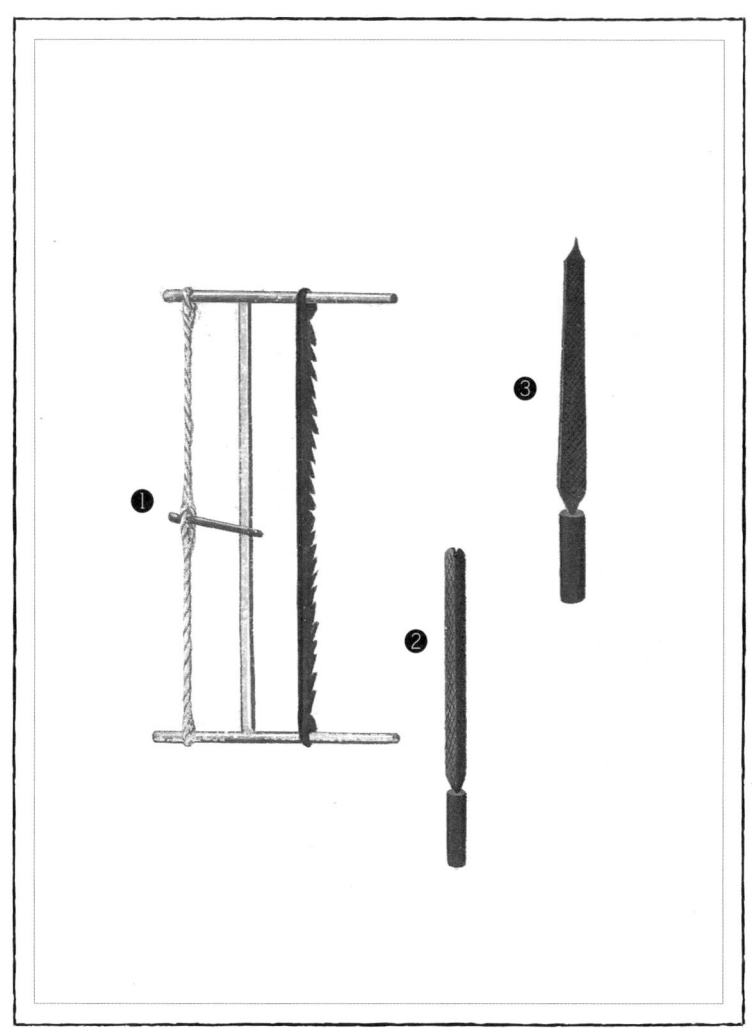

木工工具

1. 两人框锯。

2. 锉刀。

3. 锉刀。

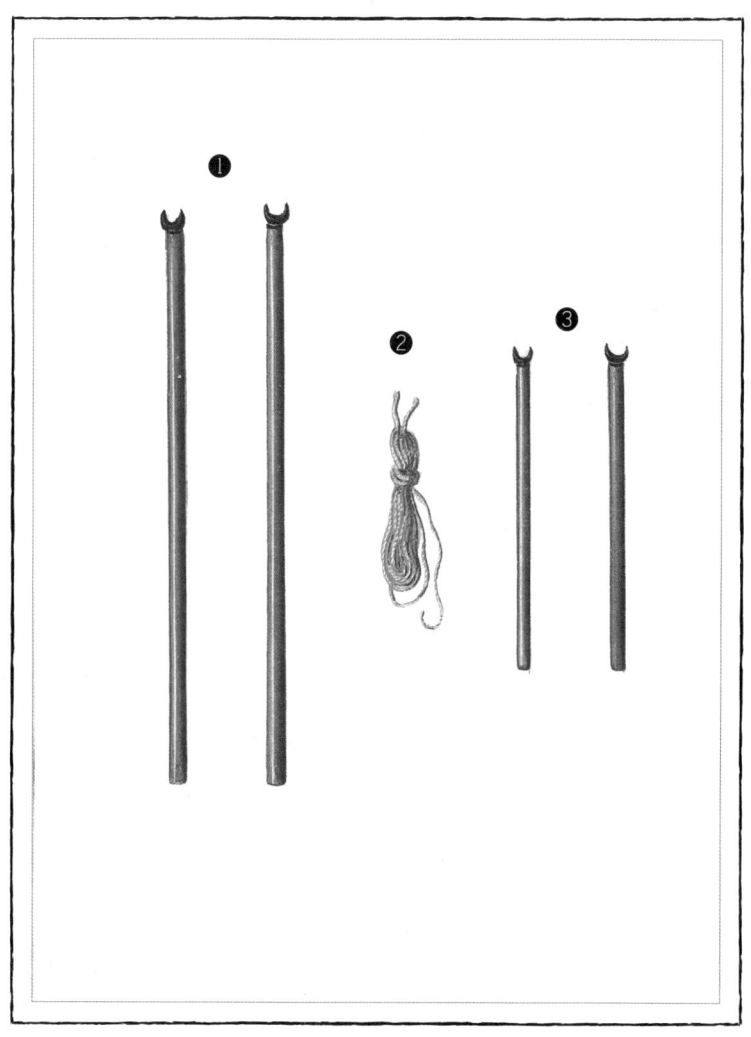

在劈剖木梁或较大的顶板时，用来支撑的工具

1. 撑杆（长）。

2. 绳子。

3. 撑杆（短）。

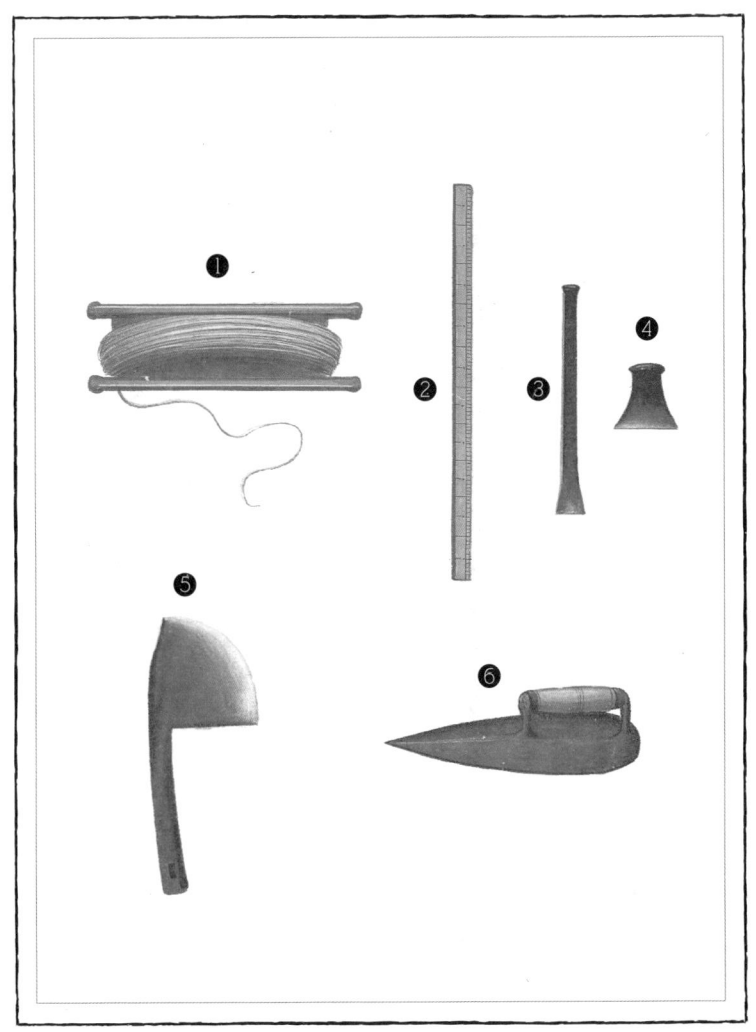

砖瓦匠的工具和器具

1. 线板。

2. 尺子。

3. 錾子。

4. 用来切砖的凿子。

5. 切砖的斧子。

6. 抹子。

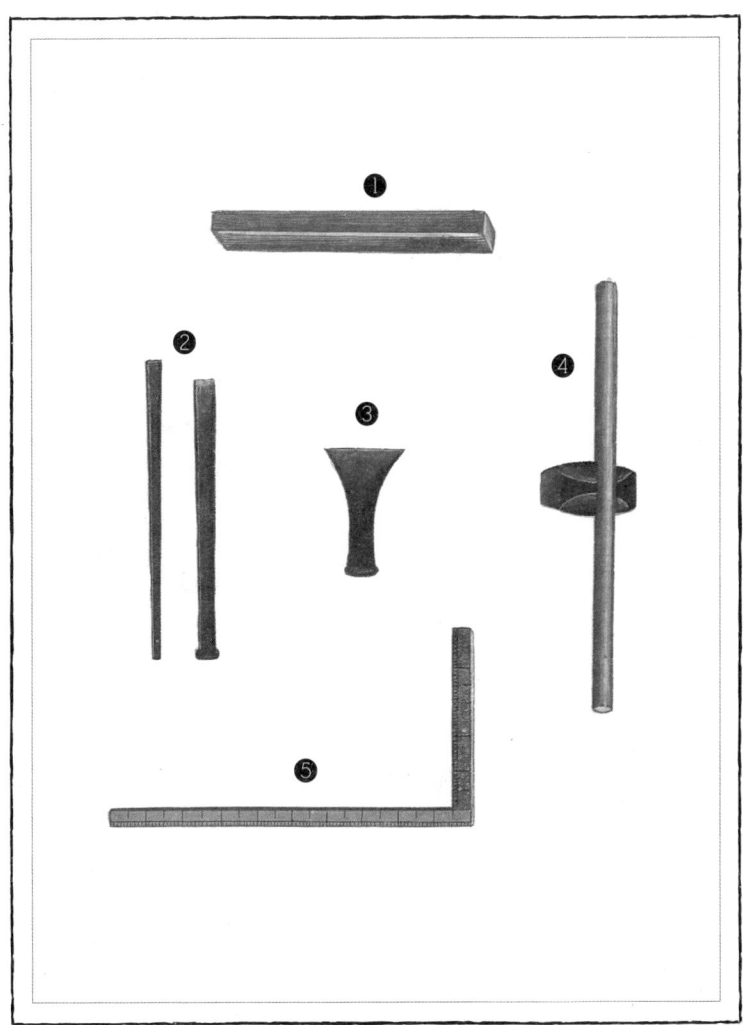

砖瓦匠的工具和器具

1. 木敲手。

2. 切砖的凿子。

3. 切砖的凿子。

4. 切砖的凿子。

5. 方尺。

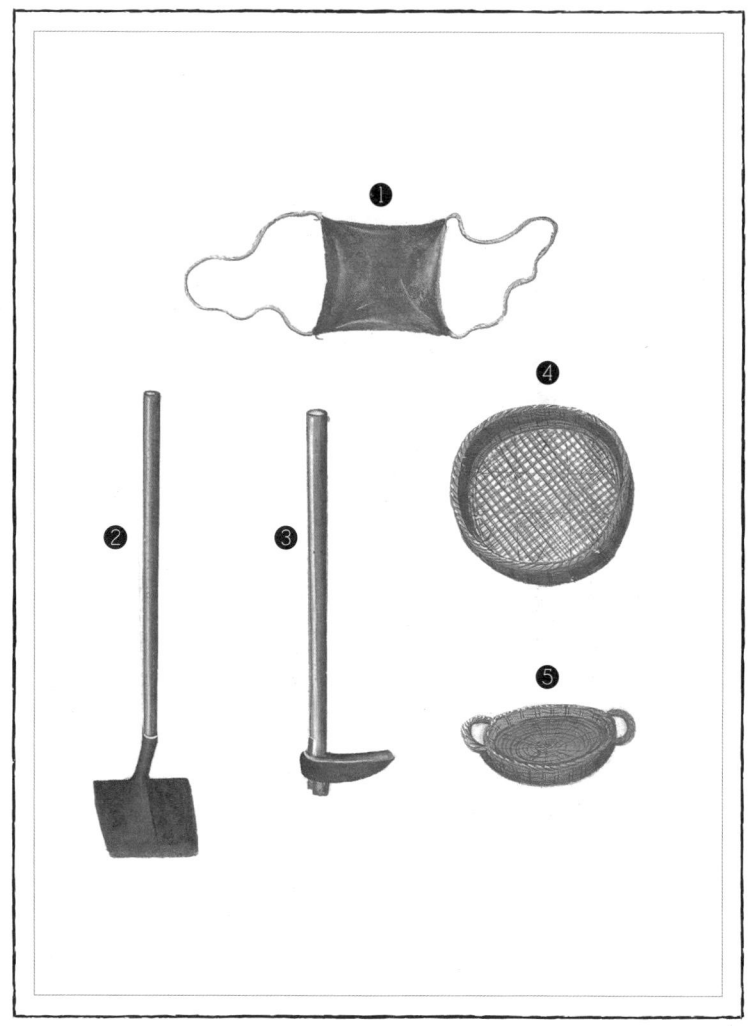

砖瓦匠的工具和器具

1. 一大块布，里面装着砂浆，通过两边的挂带和挂钩，调节到人需要的高度。对砖瓦匠和屋面工而言非常方便。一个人给布里填砂浆并挂上挂钩，另一个人负责升降。

2. 铁锹。

3. 锄头。

4. 筛子。

5. 浅子。

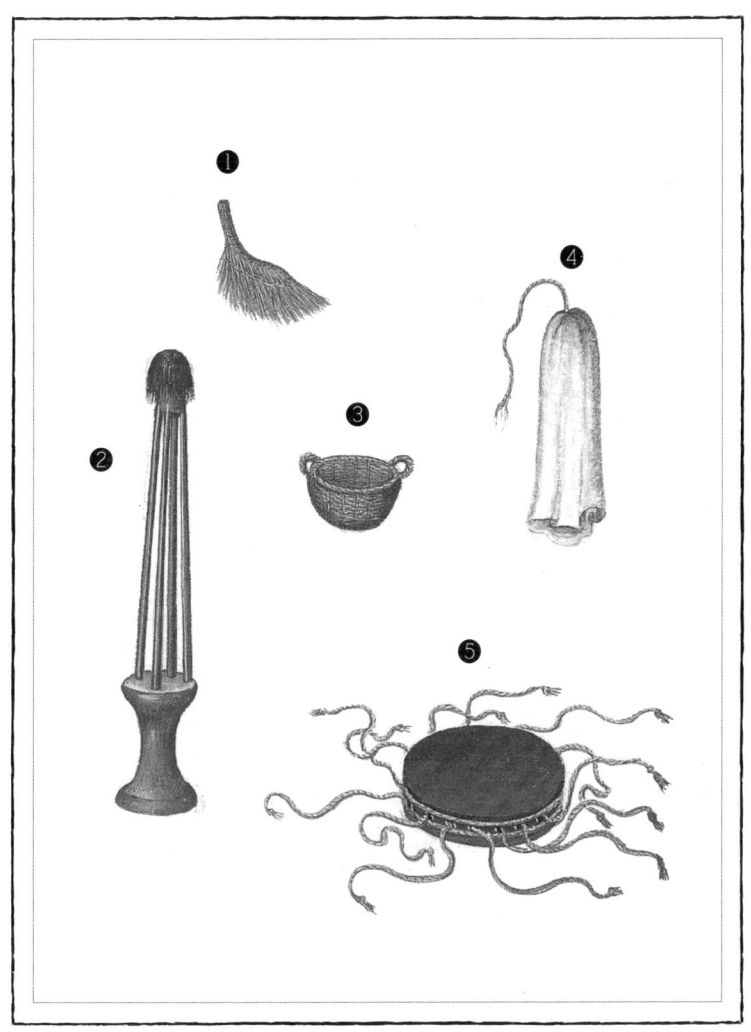

砖瓦匠的工具和器具

1. 笤帚。

2. 用来打地基和夯实地面装饰的四脚夯槌。

3. 土筐。

4. 一种装砂浆的大布袋，可以背在肩上。

5. 用来夯实地基的铅块，12个男人一起把它拉起来，再落下去夯平地面。

砖瓦匠的工具和器具

1. 筛子。

2. 笤帚。

3. 水舀。

4. 锄头。

5. 砖筐。

6. 铁锨。

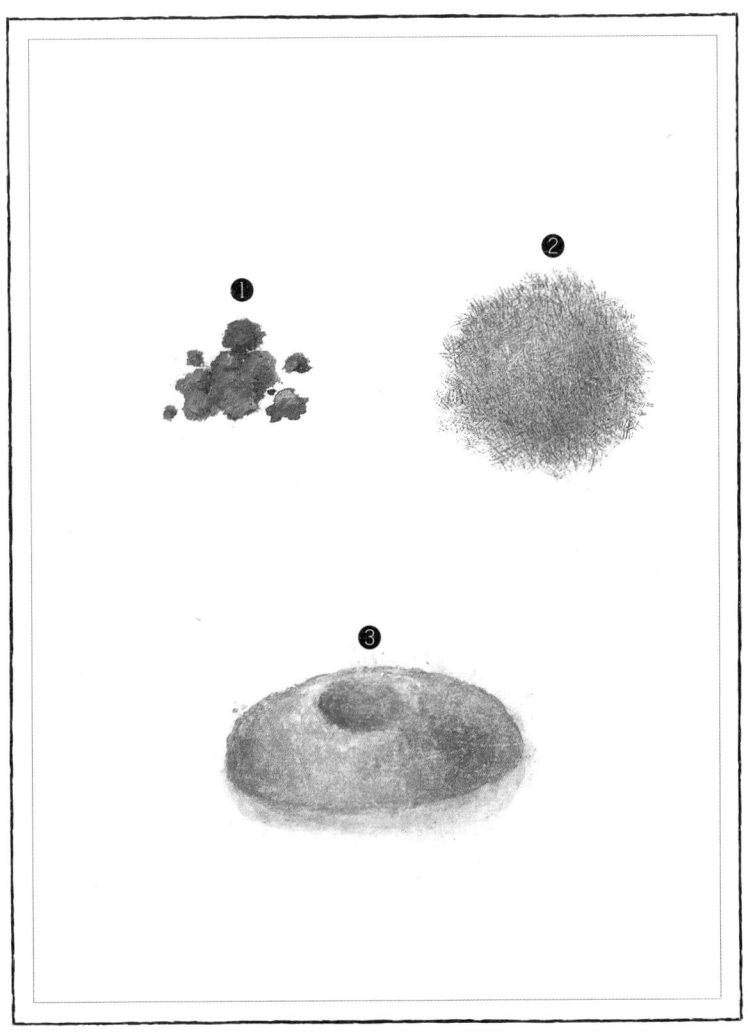

砖瓦匠的工具和器具

1．黑石灰。

2．用来掺进粗涂砂浆里的麻纤维。

3．黑石灰砂浆和白石灰砂浆。

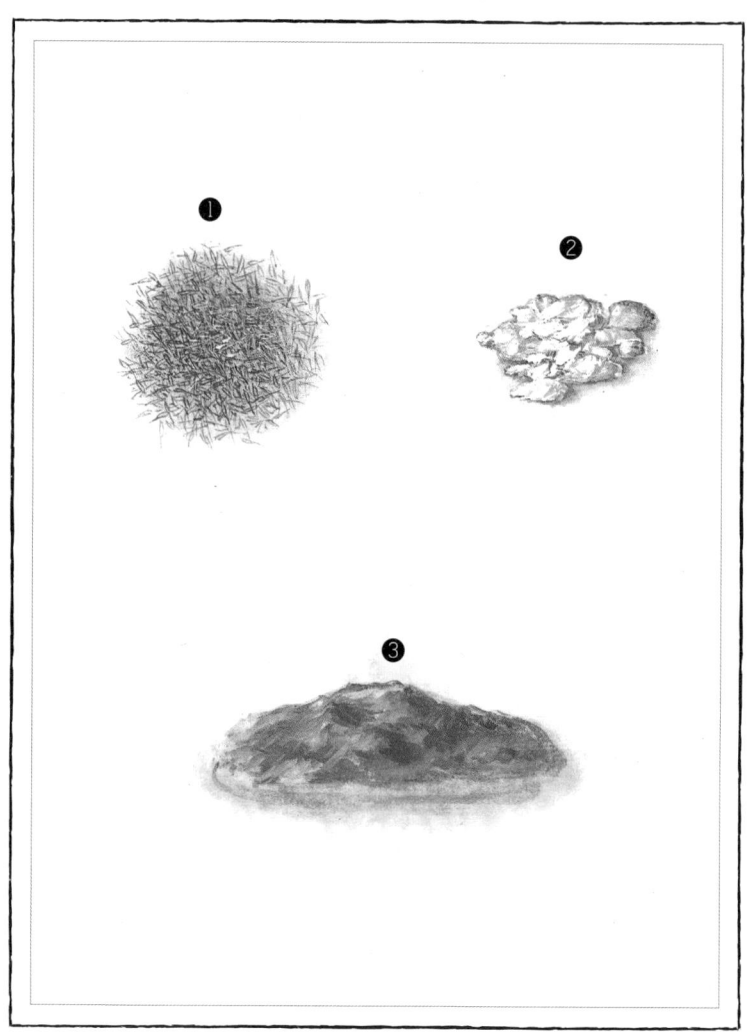

1. 掺进砂浆的稻草。

2. 白石灰。

3. 掺进石灰用来抹庙墙的红土。

二 砖瓦墙

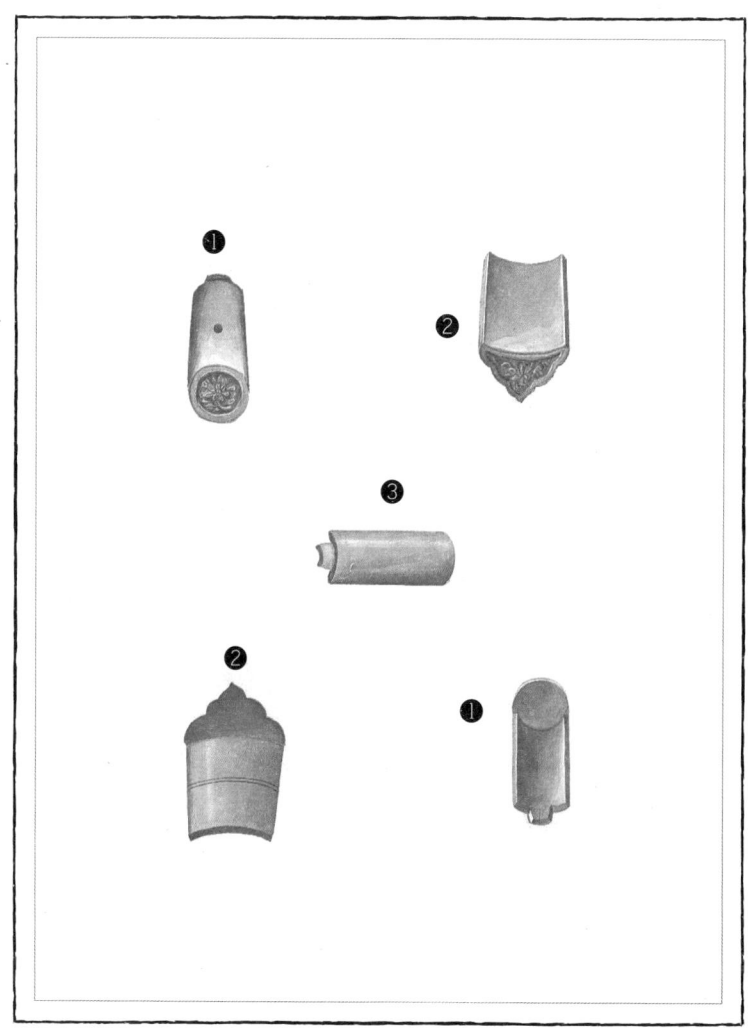

不同种类的屋瓦

1. 勾头瓦（正、反），防止滑落。

2. 滴水瓦（正、反）。

3. 筒瓦。

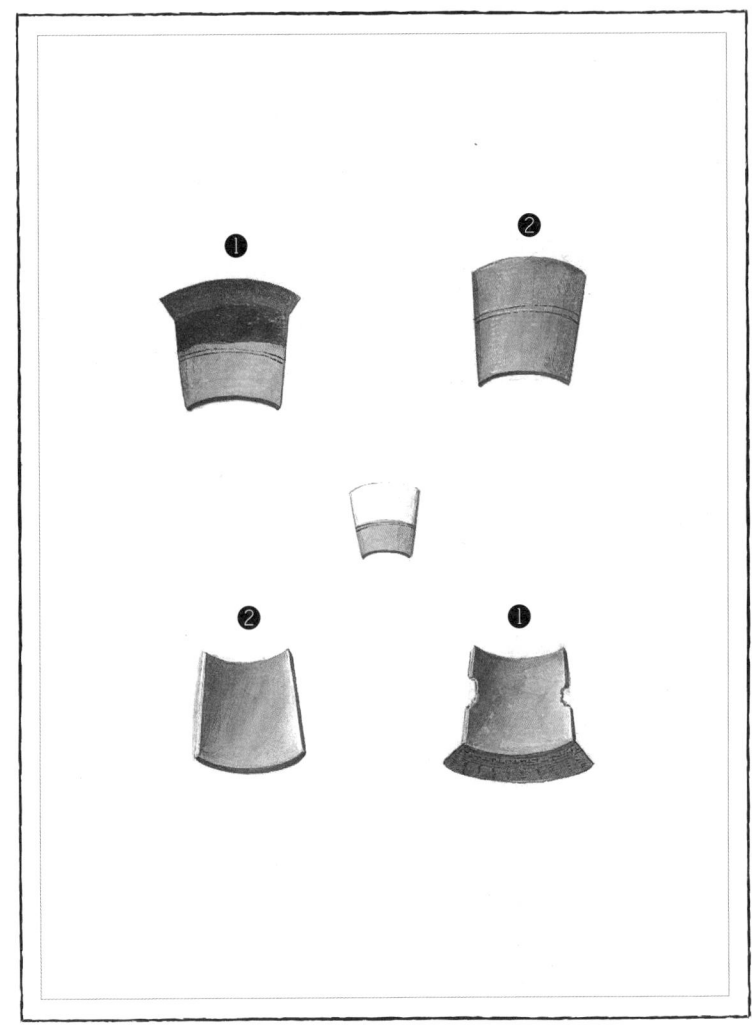

不同种类的屋瓦

1. 滴水瓦（正、反）。

2. 板瓦（正、反）。

不同形状和尺寸的砖

劈开砖,它表面有一条凹槽让人感觉是两块砖。

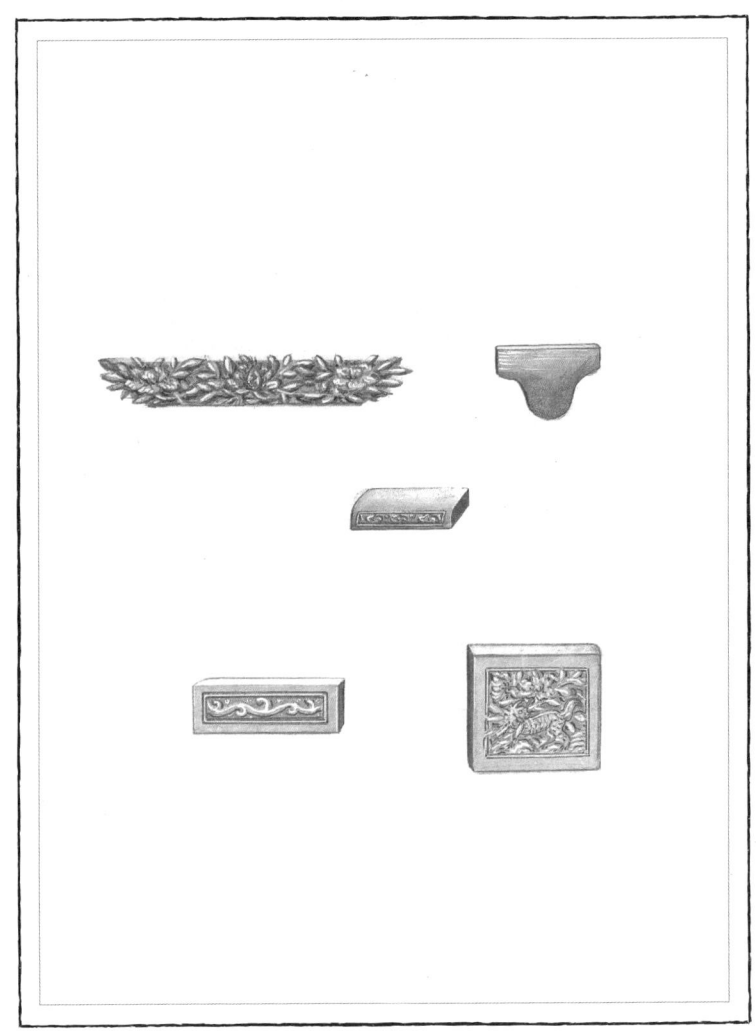

雕花砖

中国人会将砖进行雕刻然后作为装饰，同样见后。

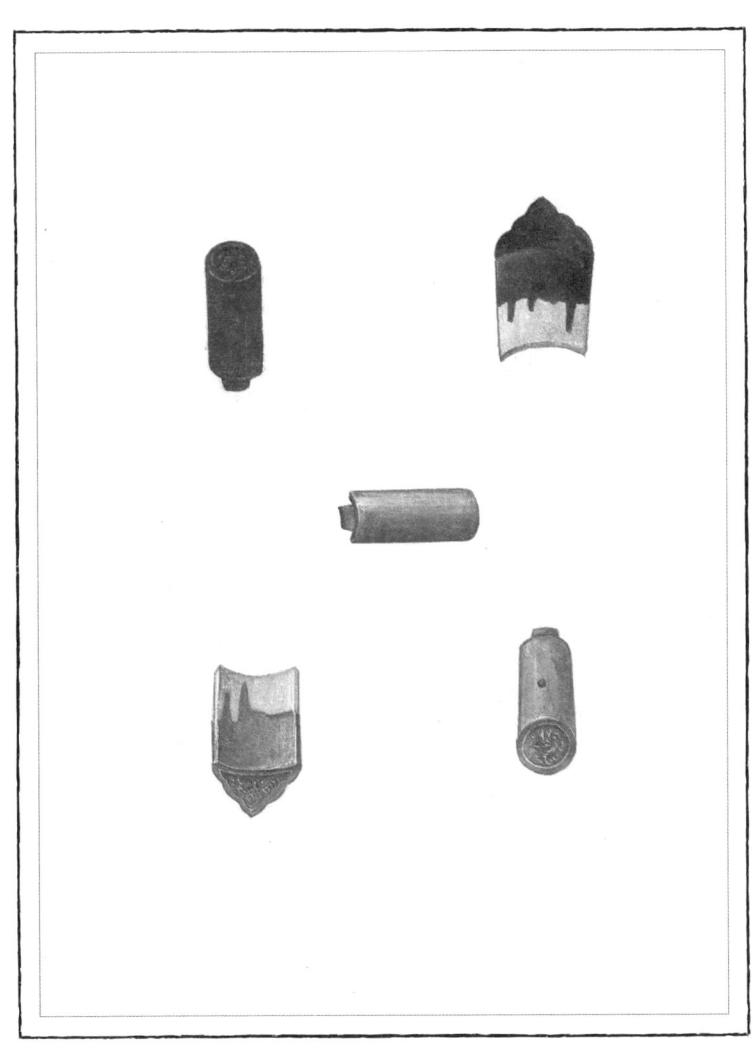

琉璃瓦，是珐琅的一种

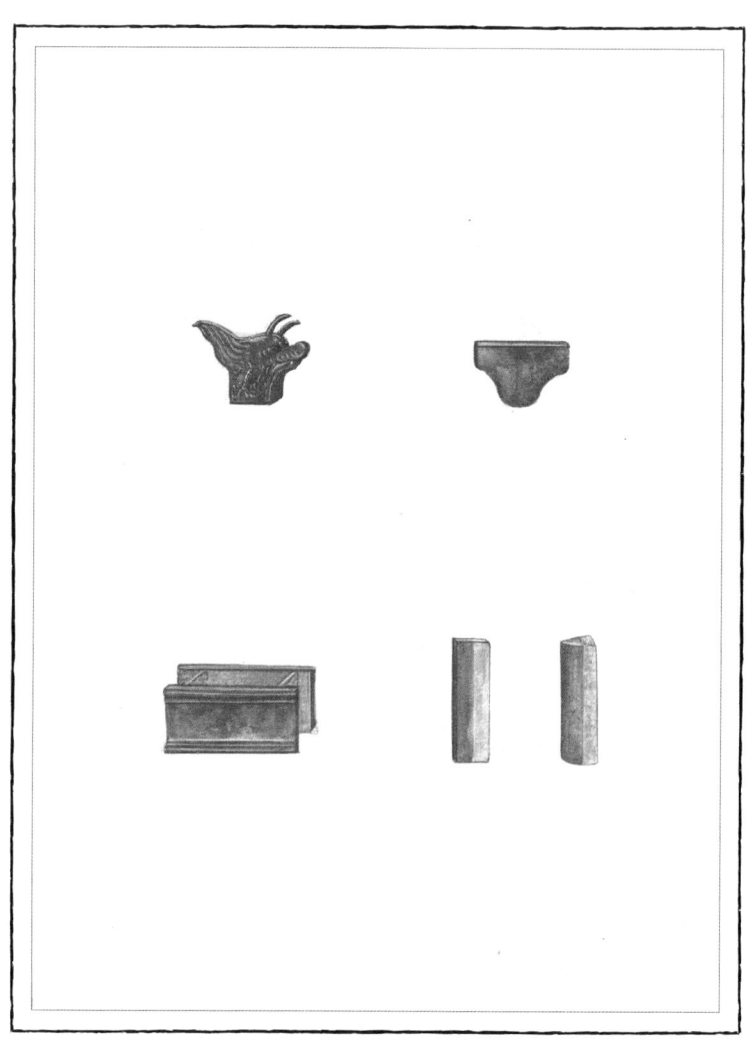

屋顶的琉璃装饰构件

屋顶的琉璃装饰构件

菜园子工墙

砌在两块板之间用石灰抹过的墙。今天人们砌的这类墙可能一年就倒掉了，但在有些墓地里的这类墙坚持了一个多世纪之久。

民间灰墙

压实晒干再抹黑石灰砂浆的夯土砌块墙，用于平民家中。

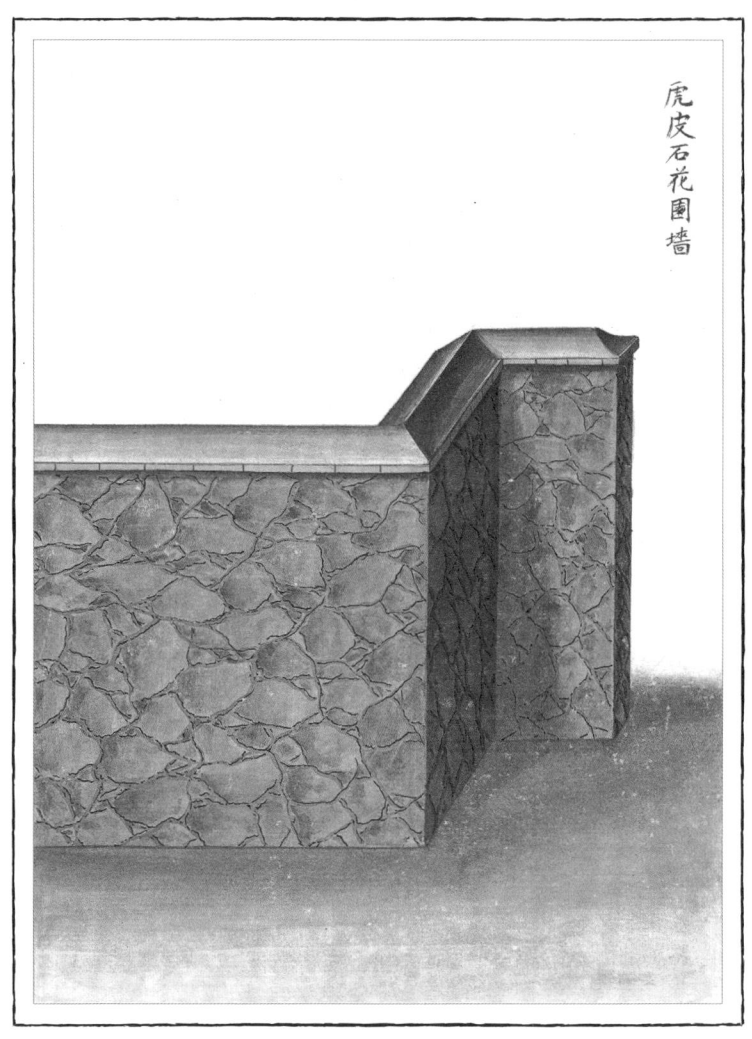

虎皮石花围墙

虎皮石花围墙

花园里的普通墙。纹路模仿大理石，所以远看很美，但是如果砌筑水平不高的话，很容易倒塌。

河沿兒上磚墻

河边、水岸边的墙

城墙

古城墙

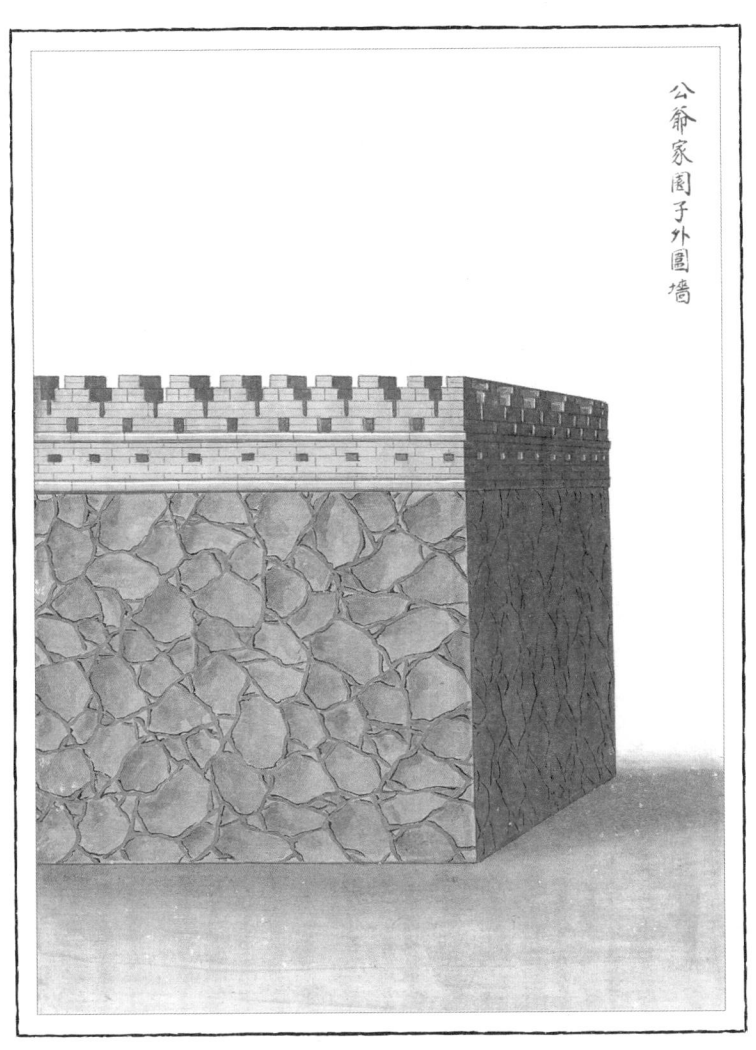

公爺家園子外圍牆

王公家的花园外围墙

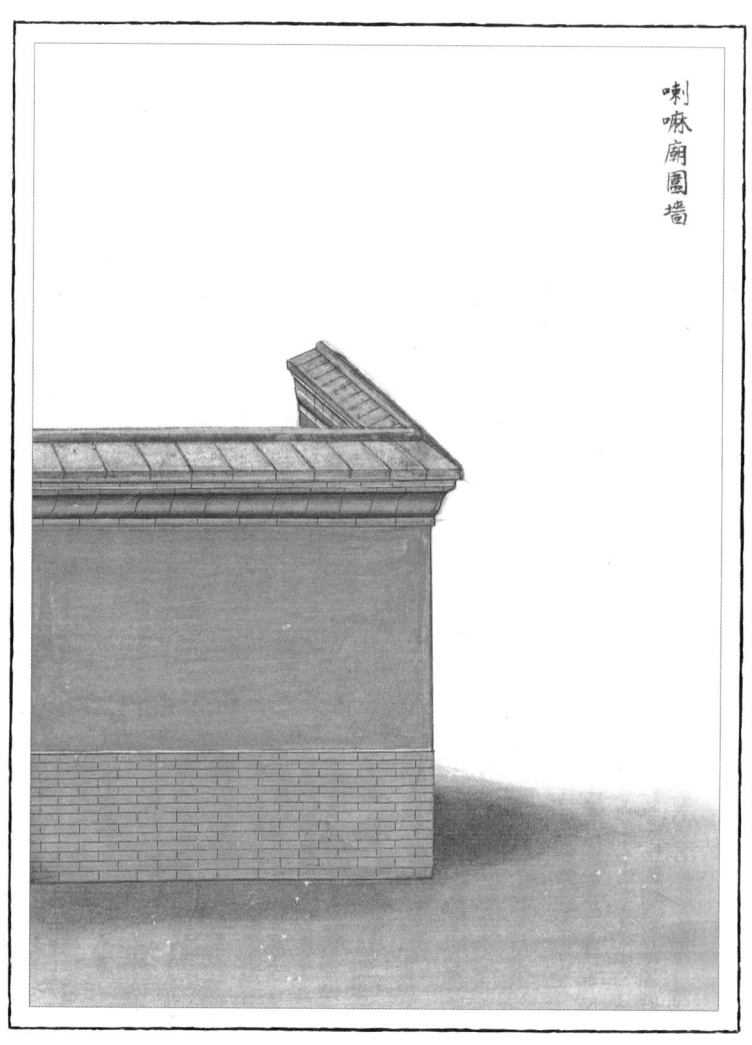

喇嘛庙围墙

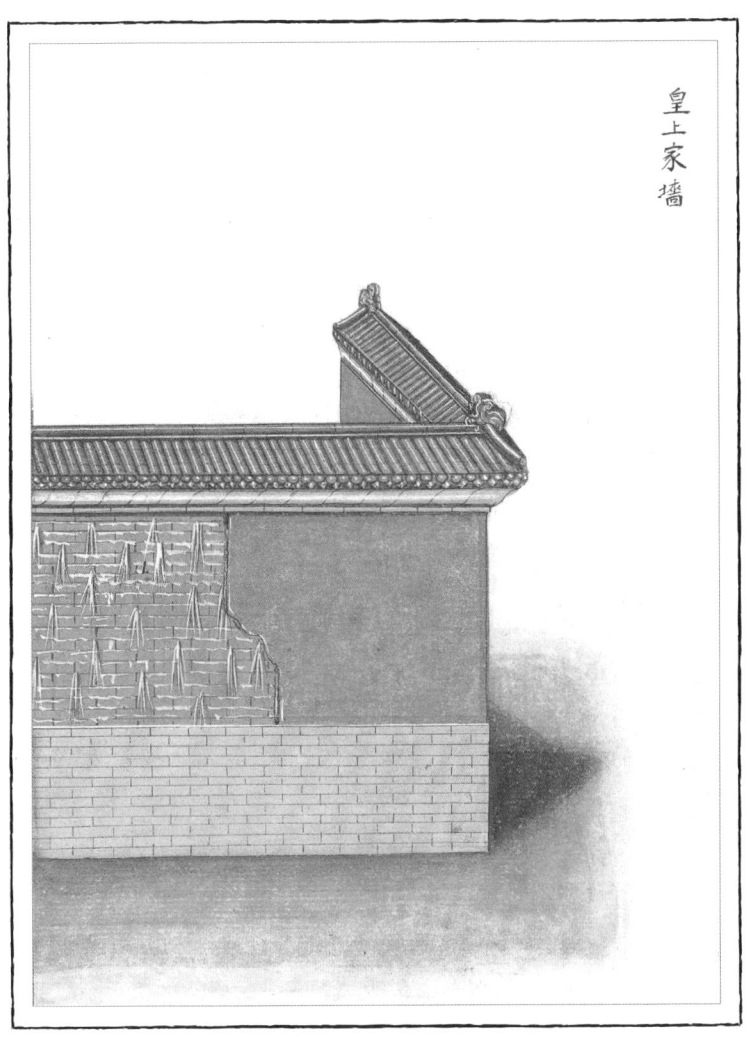

皇帝寝宫或宫殿内的分隔墙

还没有抹灰的部分，可以看到留出麻绳的做法。砌墙的同时把麻绳放在砖下面，抹的灰就可以牢固地粘在麻绳纤维上，不容易脱落了。

皇城大墙

皇城的第一道围墙

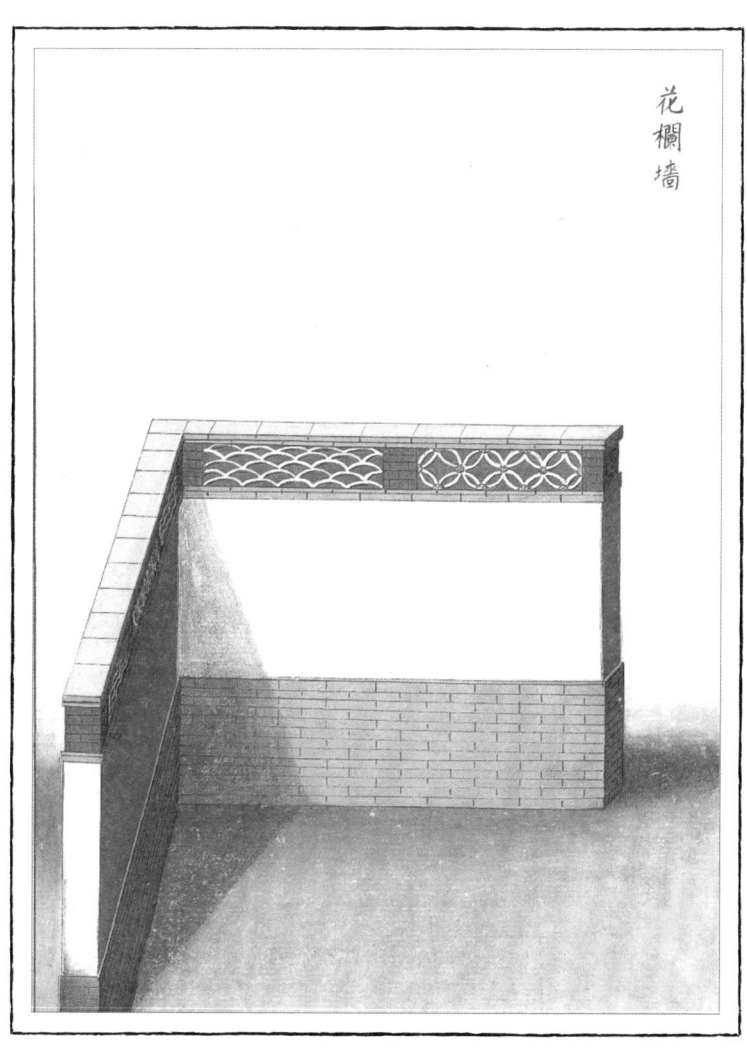

花欄墻

宫院内的花栏墙

雕刻花栏墙

带有万字雕刻的花栏墙

坟院外墙

坟墓外墙

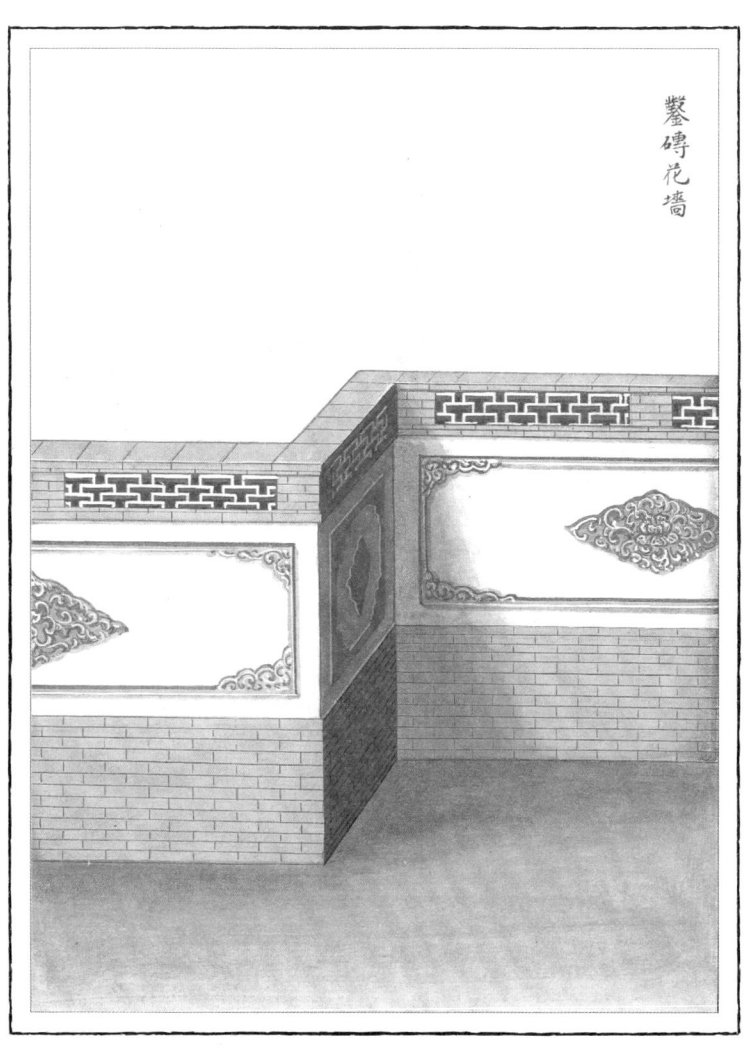

鏨磚花墙

宮院内的园林花墙

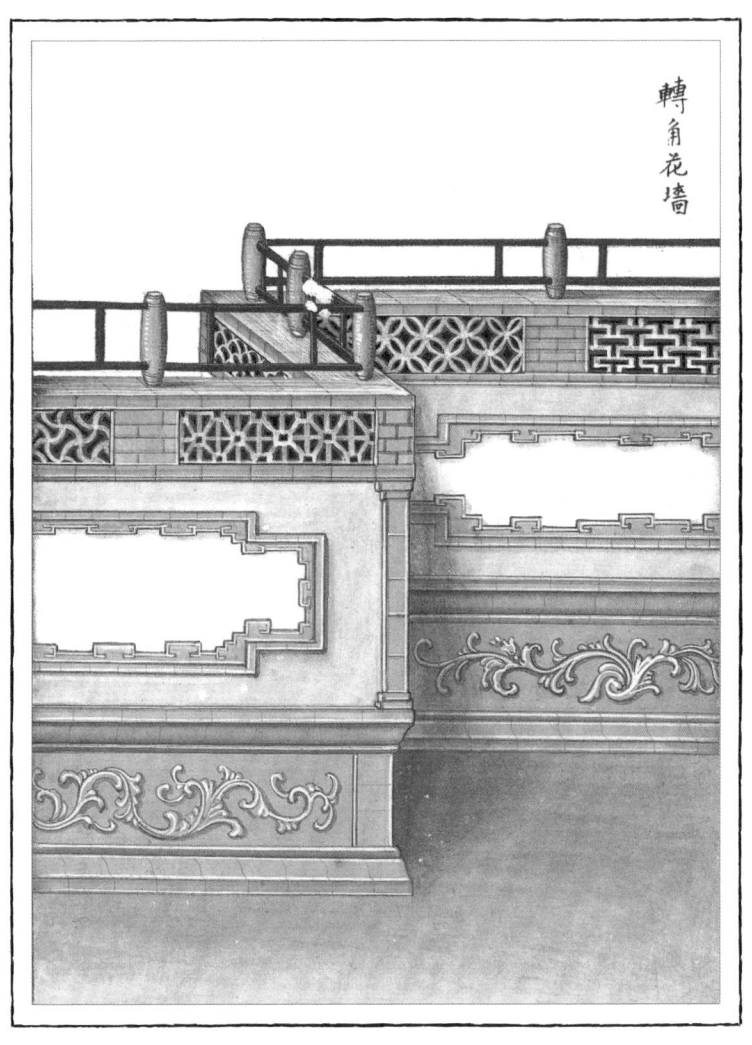

转角花墙

宫院内的园林转角花墙

曲折花墙

宫院内的园林花墙

前面看到的这种墙可以千变万化，只要用不同的雕花砖进行装饰，就可以非常自然。这种墙的好处在于视线通透，可以促进空气流通，而中国人看重这一点。

三 照壁

后面这一系列的十幅照屏彩画，并不是为了表达传统建筑本身的伟大，也不是为了给建筑师什么启示，也不是为了对新建筑的改进提供借鉴。之所以展示这些，是为了说明中国封建王权是如何将整个社会的地位和身份体系视觉化的。国家律令规定了每个阶层可以拥有的仆从人数，包括开道的和跟随的人数；规定了车马和轿辇的形制；根据官阶做出了对应衣着的规定；同时对宅院、府邸、宫殿等也都全部做出了规定、限制和层级划分，不允许出现任何的僭越与奢靡，杜绝了任何可能干扰现有权力秩序的行为。

律法对住宅做出三个方面的限制：庭院的数量、建筑的高度、长度和深度，以及屋顶的形制。这样，这三个方面的分级与不同级别的社会地位相对应，从庶民、秀才、各级官员、各级王公直到皇帝。这种等级化的差别非常明显，只要看一个人的住宅是怎样的形制，就可以确定他是什么样的社会身份。

然而，升迁、贬官、入朝、致仕等这些官阶的变化使得律法在建筑形制上的表达很难实时得到全部更新，所以就要在减弱形制改变的同时表达改变的信息。这个需求让照屏发挥了作用，它可以用最小的花费表达社会地位的实时调整，并将主人现在的身份用可视的方式体现出来。一个官员官阶或升或降，都不会立刻迁移住所，也不能立刻改建房屋，但他可以立刻改变照屏的形制，以便让人一进门就可以看出他目前的官阶是什么。

照屏就是如图所示的样子。人们在经过王公大人家门前时都必须下车、下马、下轿，在庙门前不下车、下马、下轿则是大不敬，同样，官府衙门前终日人来人往，也都要下来，无论是出于礼节还是尊敬。由此，为了避免尴尬，人们在大门外面有一些距离的地方，正对着大门砌一道独立的墙，这道墙有两个作用：它既是一种空间分隔，同时因为它处于官府衙门和街道空间之间，所以避免了人人都要下马、下车、下轿的情况。而且，由于各种宅院、府邸、衙门的入口都和街巷空间在同一个水平高度，入口大门直通院内，街上路过的人都对院内的大人君子一览无余，为此人们同样想到建一道独立墙遮挡视线，但是建在正对着大门的宅院里面。当然，这都是王公大人家里才有，一般人家只有一些木质的照屏。

民間木照屏

上层社会的照屏（民间木照壁）

官员家的照壁

王公大人家的照壁

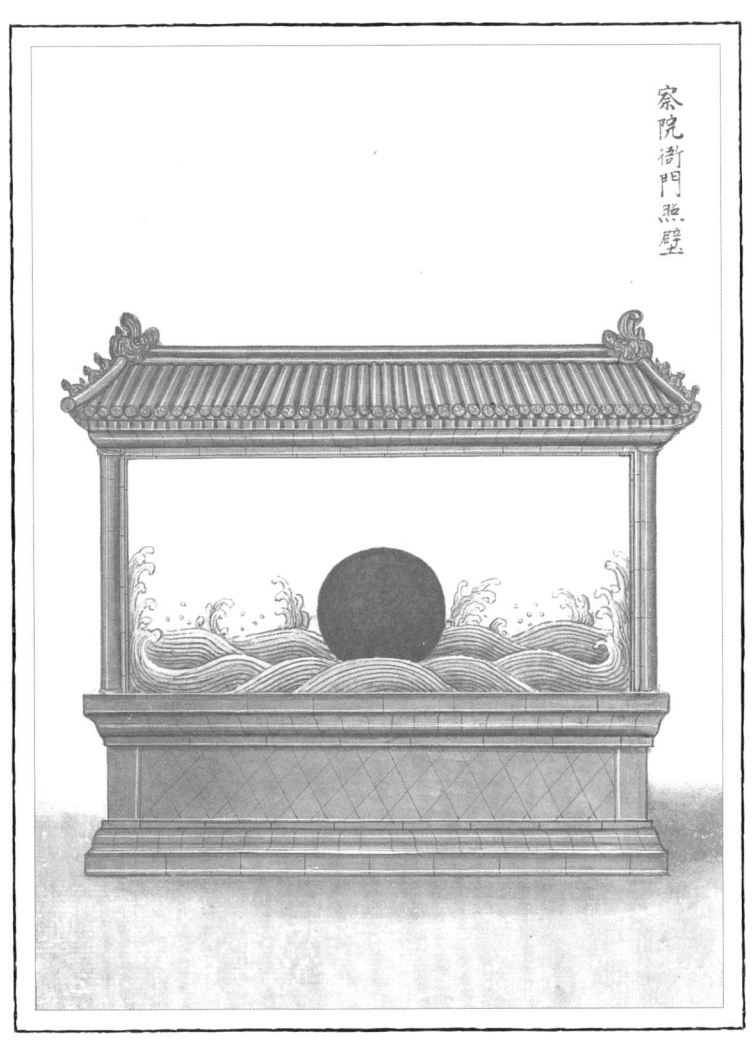

察院衙門照壁

小衙门前的照壁

部院照壁

大衙门前的照壁

公府前照壁

公爺家墙

王侯家宅内照壁

寺院墙

普通庙门前的照屏

喇嘛庙门前照屏

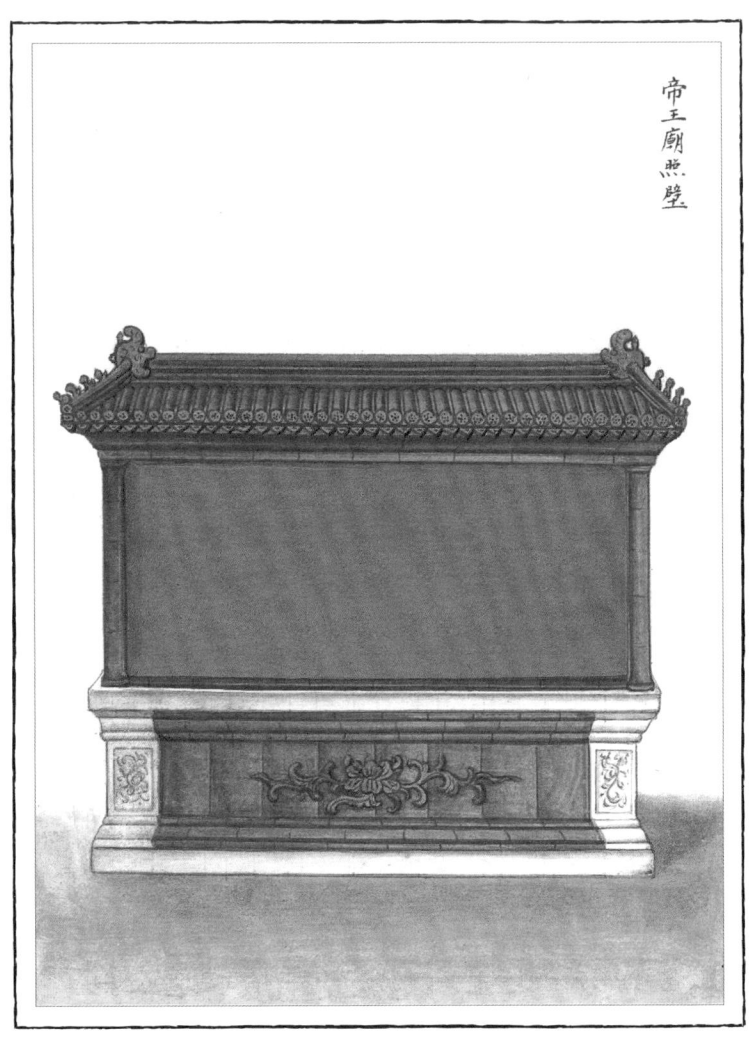

帝王廟照壁

帝王庙前的照壁

太廟照壁

太庙前的照壁

国家照墙

皇宫内照墙

还有其他很多的照屏、照壁、照墙，但是和这里介绍的这些差别都不大了，没有必要全画出来。

四 亭子

中国园林，尤其是帝王园林的宏大规模和空间布局很自然地让亭子在空间上距离越来越远，在形式上越来越多样和具有装饰特色。我们还是让那些有好奇心和求知欲的人们去表达中国在这些方面的成就吧，而需要说明的是，尽管这里给出了大量的彩画，但是距离反映皇家园林里亭子的全貌还相差很远，只是表其大略。如果想用这样的工作方式表现中国人的各种设计思想或是继续完善它，那现有的彩画可能数量也是不够的。

基于同样的原因，我们增加了一些在公共节日纯粹用于装饰目的的亭子，或是在皇帝出游时为所游览路线增添富丽气息的亭子。对于这些亭子的建造方式没有什么需要赘述的，彩画比语言更具有表现力，读者也更乐于阅读。

需要说的有以下三点：一，这些画面没有任何夸张或修饰的成分，其中的许多亭子我们都能在皇家园林里找到，它们真的就是图中表现的样子；二，是用木材建造的必要性、清漆和颜料的便宜、中国人所追求的远观时呈现显眼鲜亮的品味，导致亭子被装饰和涂绘成书中展现的样子；最后一点，只有皇帝可以使用琉璃瓦。

中式亭子的平面及其构建过程

中式亭子的平面及其构建过程

中式亭子的平面及其构建过程

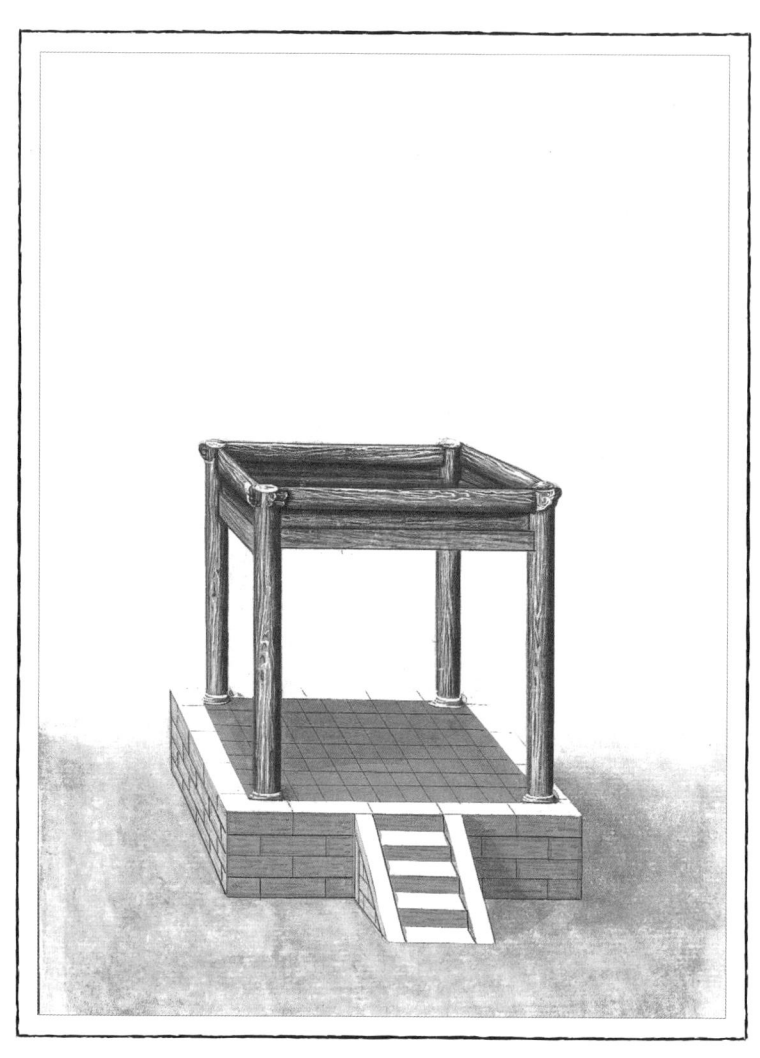

中式亭子的平面及其构建过程

中式亭子的平面及其构建过程

中式亭子的平面及其构建过程

中式亭子的平面及其构建过程

中式亭子的平面及其构建过程

中式亭子的平面及其构建过程

亭子屋顶面所用的建筑做法、防备考虑等保守措施并不奇怪，春天的强风、夏天的暴雨都是这些建筑方式出现的根本原因。

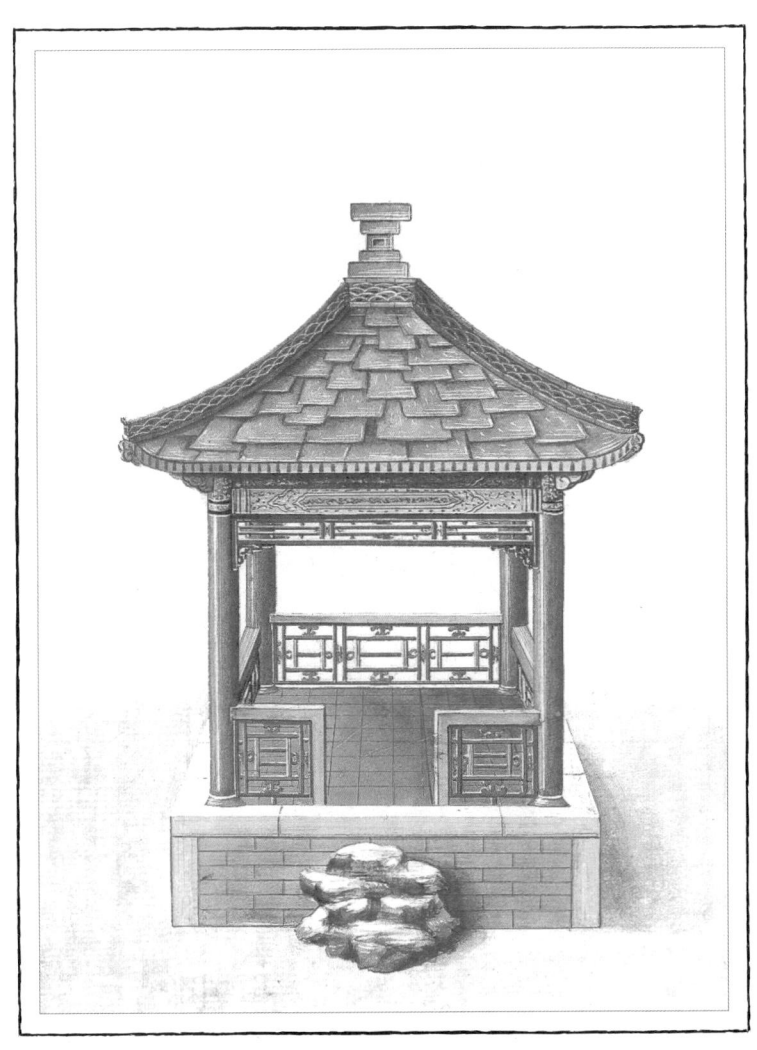

中国没有真正的板岩，在有些省份会使用足够薄的石片。作为皇帝的宅院和亭子，会集成全国各地出现的所有建造方法，可以是为了让皇帝对其有所了解，也可以是为了对这种建筑实践的保存，有趣的是看到政治在很微小的事物间建立了联系。

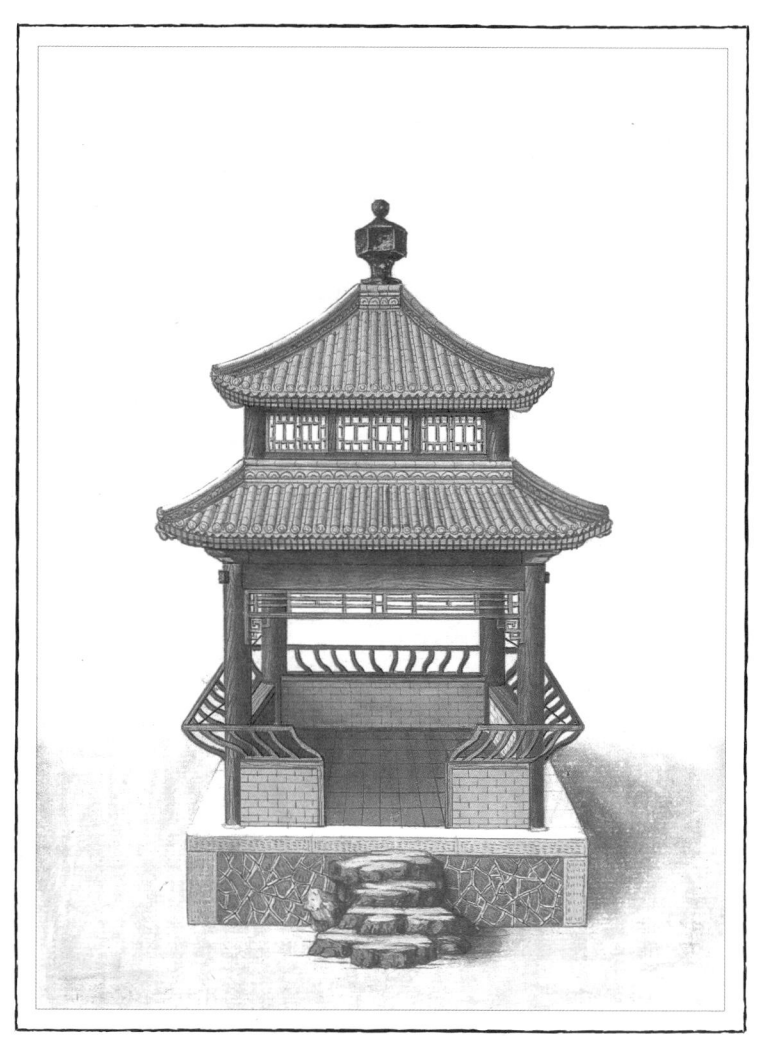

按照南方地区做法建造的竹亭子

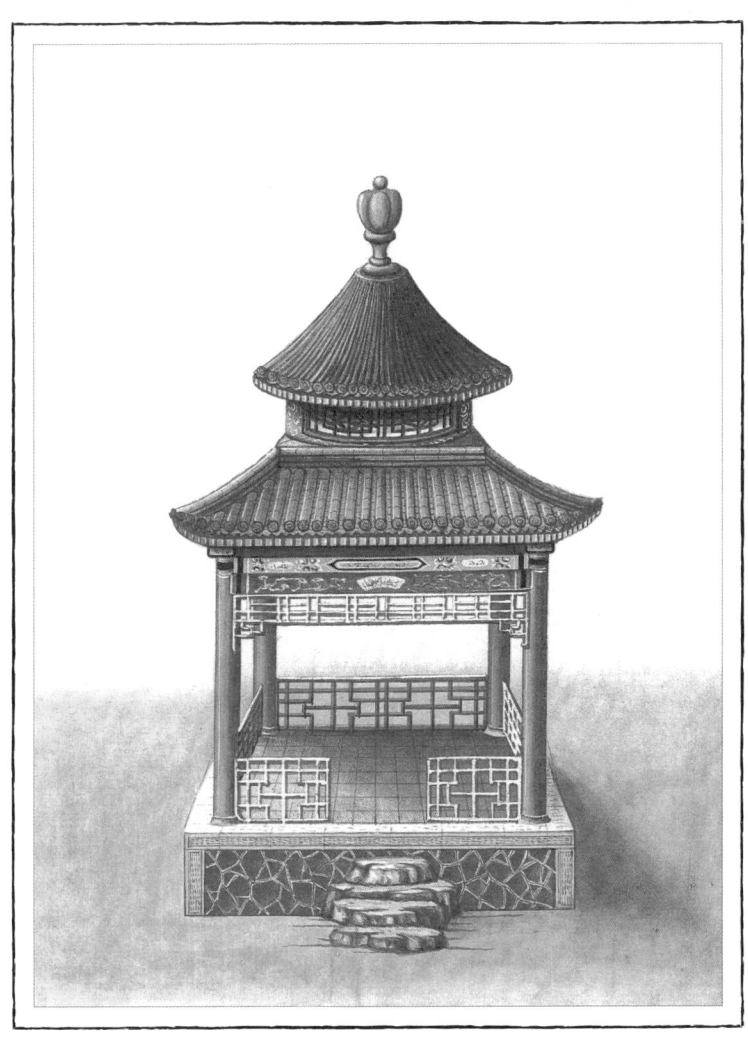

中国亭子

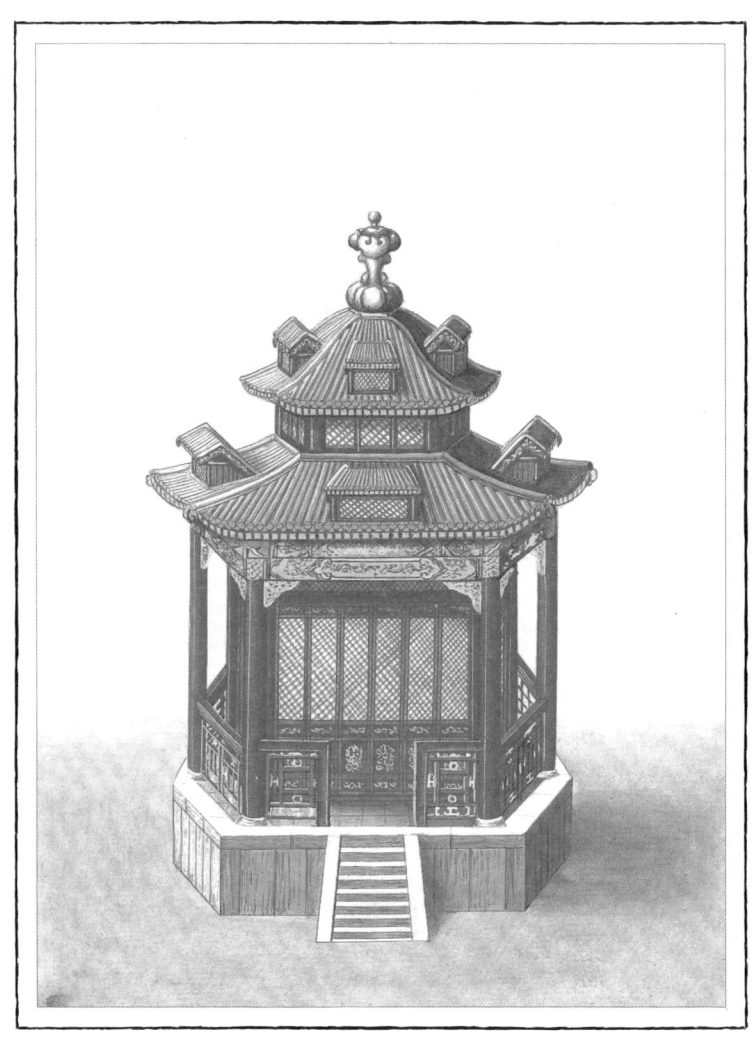

中国亭子

中国亭子

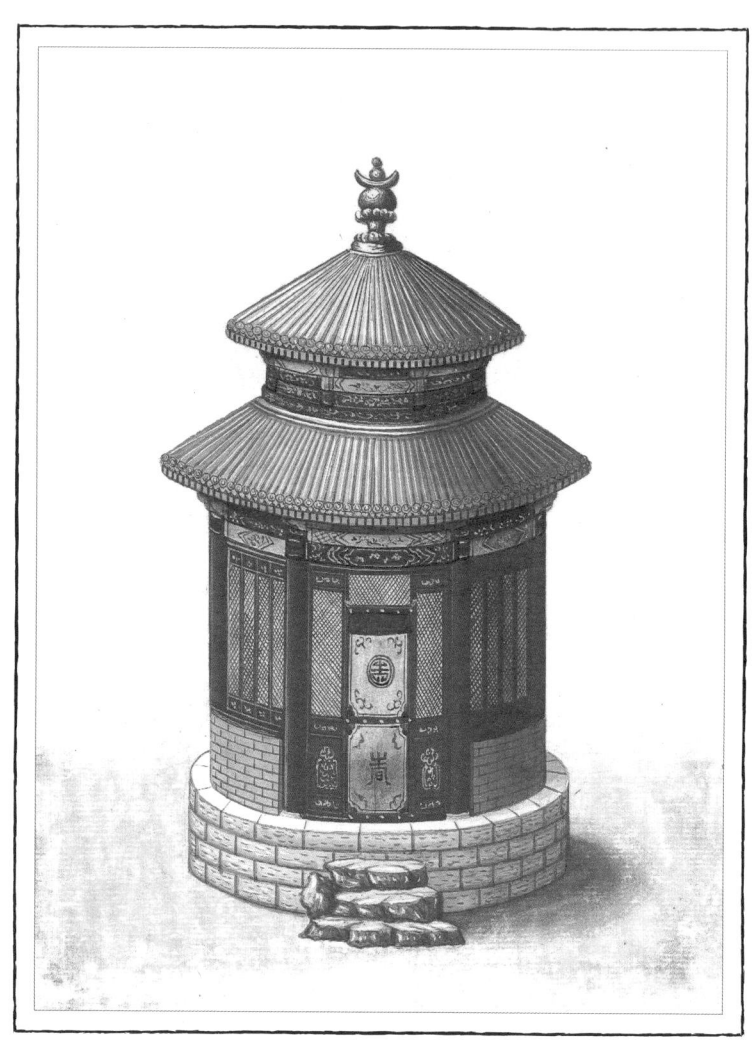

中国亭子

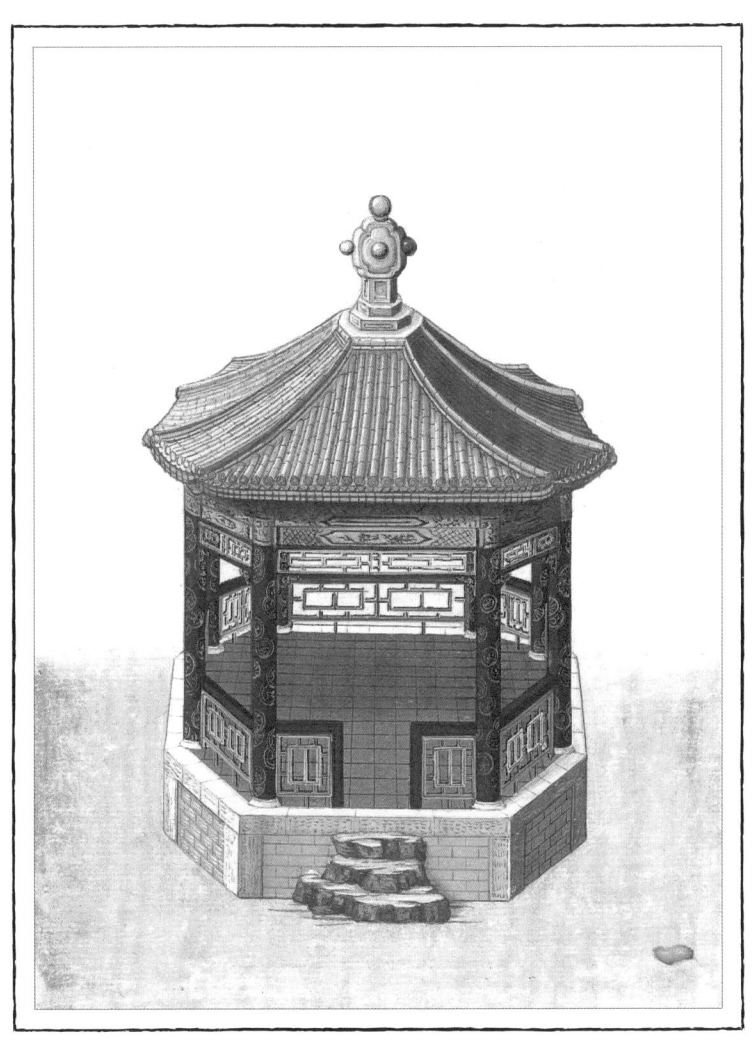

中国亭子

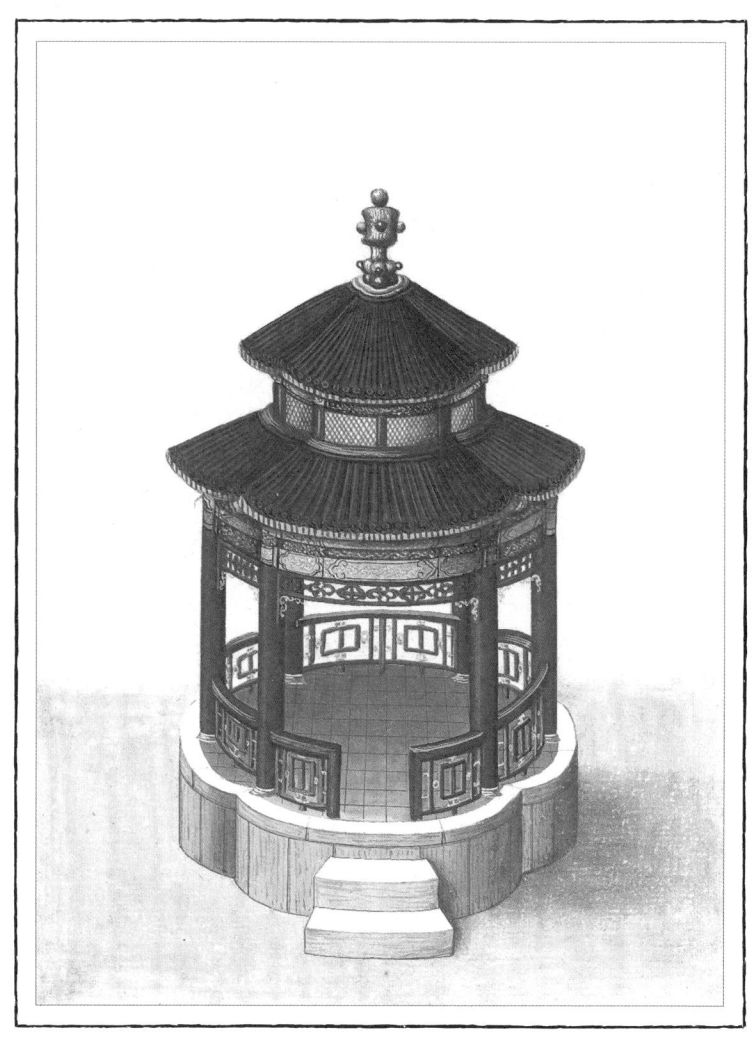

中国亭子

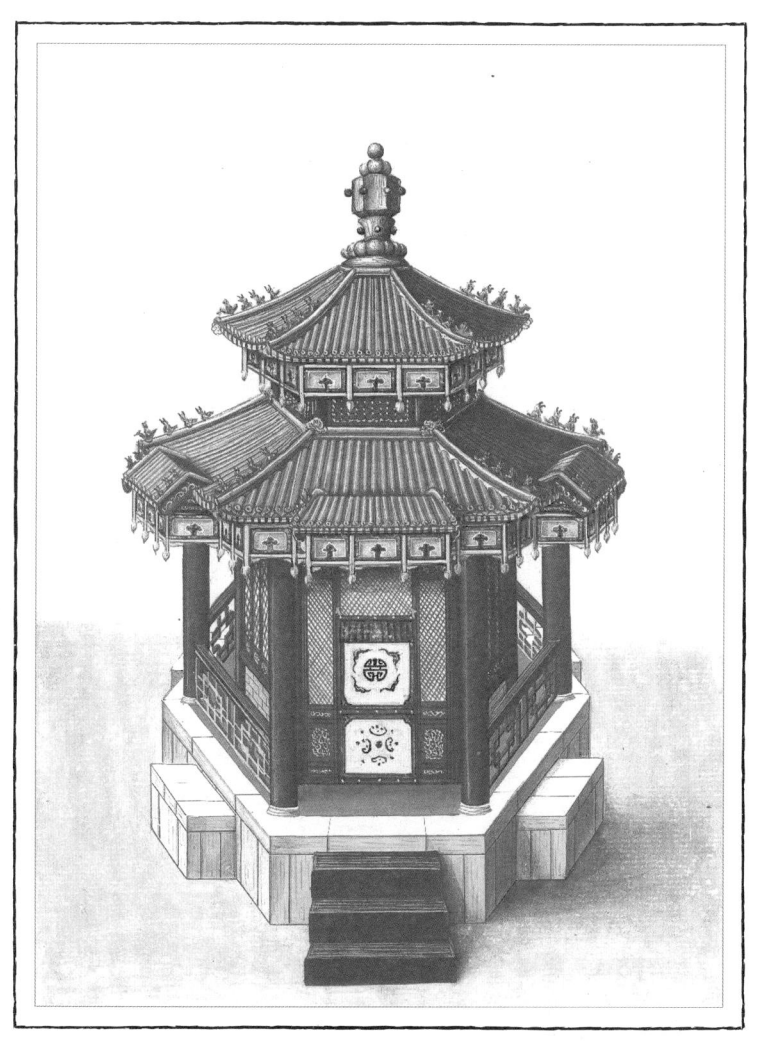

这个亭子里看上去是门的部分实际上不是一扇门，而是门帘，用于挡住穿堂风。

中国亭子

中国亭子

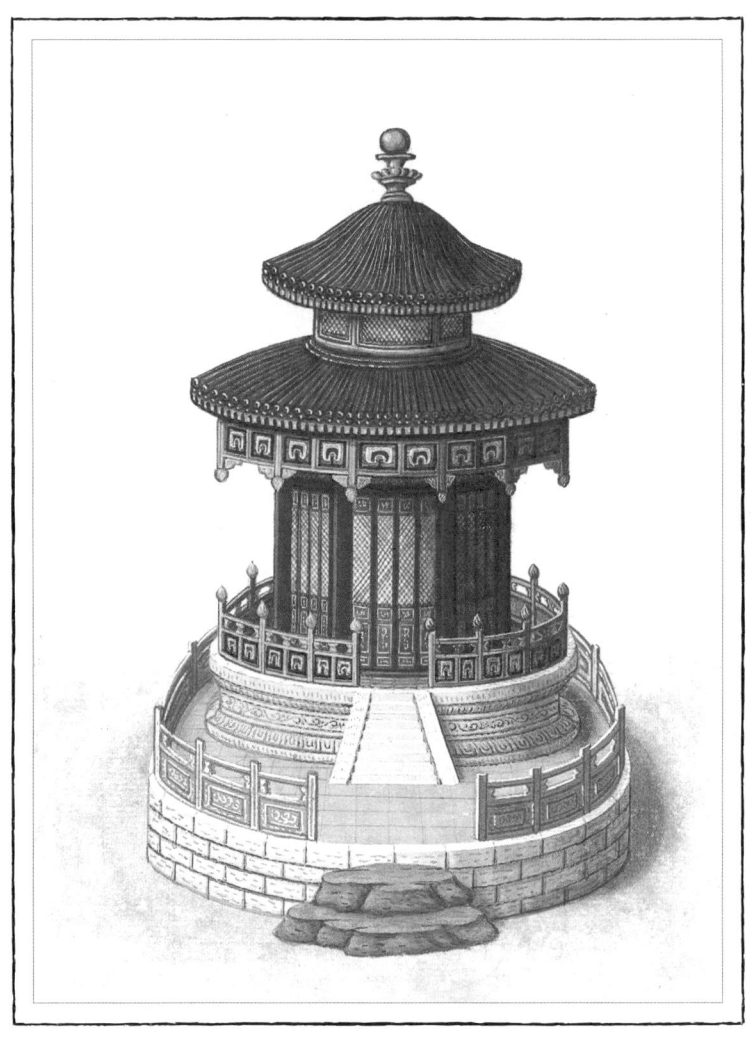

中国亭子

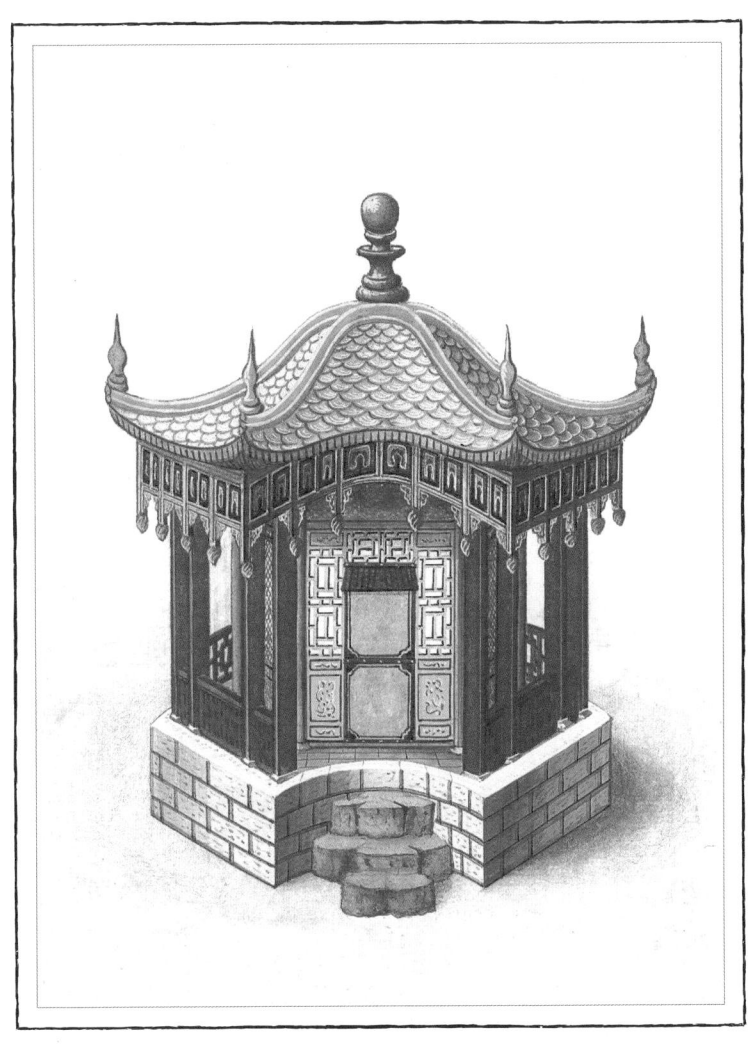

中国亭子

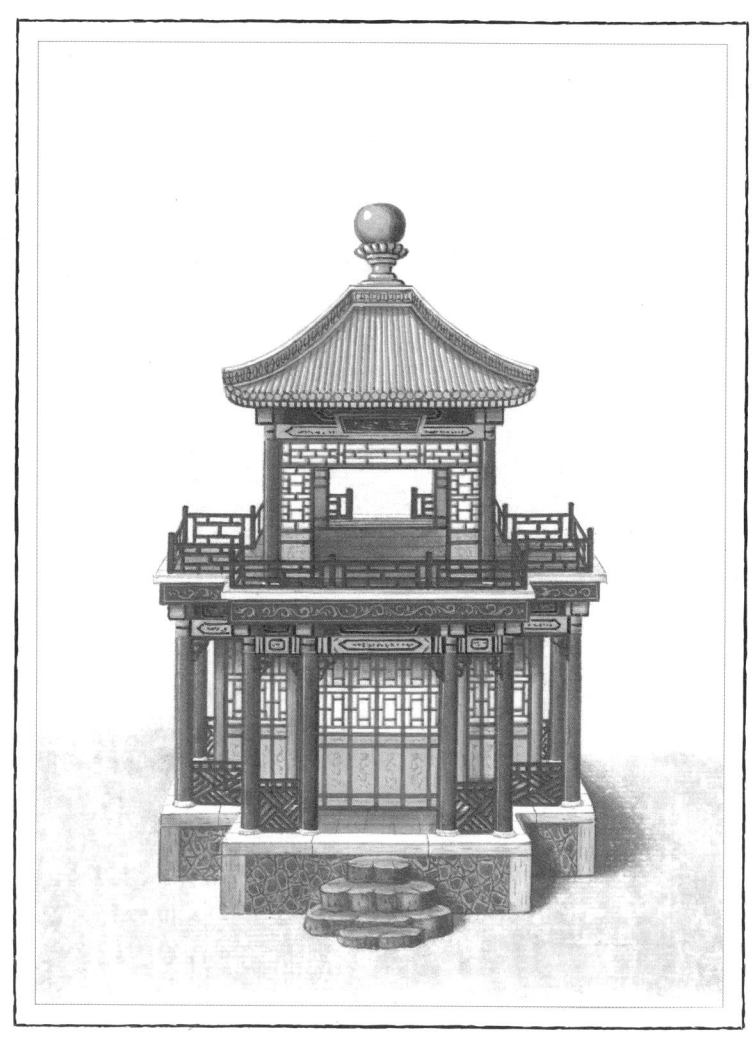

中国亭子

这个亭子的顶面材料是野生棕榈的纤维。皇家园林中也同样有稻草材料做屋顶的亭子。

屋顶上挂的风铃轻盈细小。风吹过可以使其发声，中国人很喜欢在寂静的园林里聆听这种声音。

中国亭子

中国亭子

中国亭子

门上挂的帘子是夏天的竹帘，竹子劈成条篾做成的，可以透风。亭子里面的人能看到外面，外面却看不见里面。

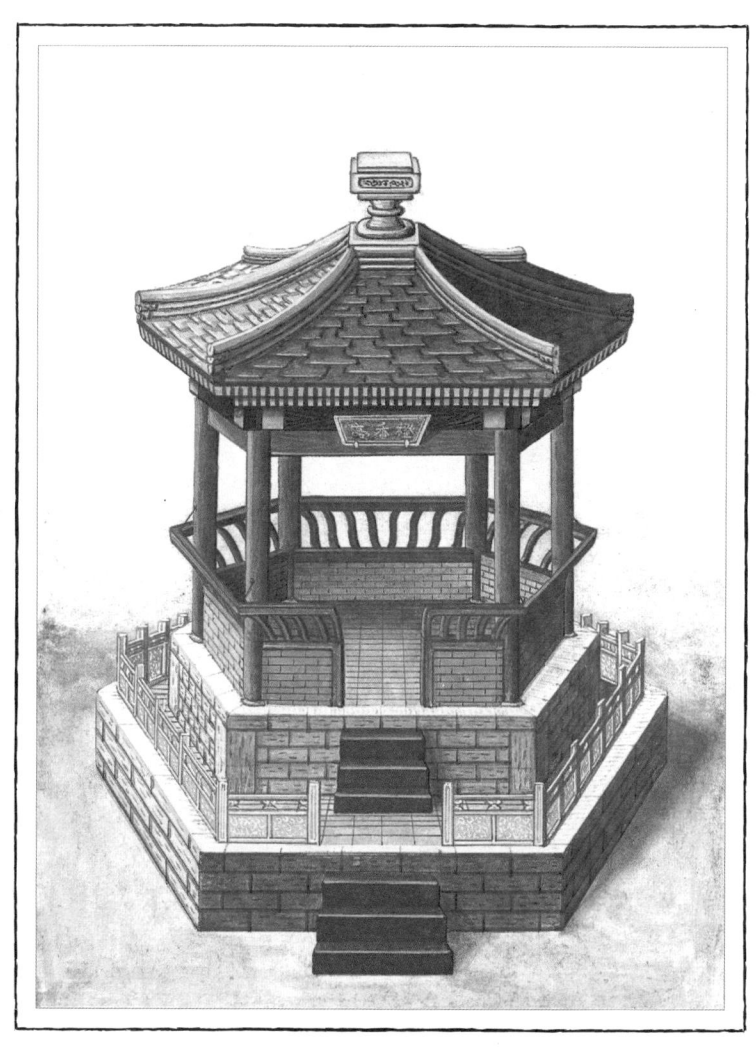

中国亭子

这种亭子在北京只是装饰性的，而在江阴（原文作：Kiang Uen，不可考，疑为江阴地区）能看到真实的此类亭子。

中国的装饰性亭子

中国的装饰性亭子

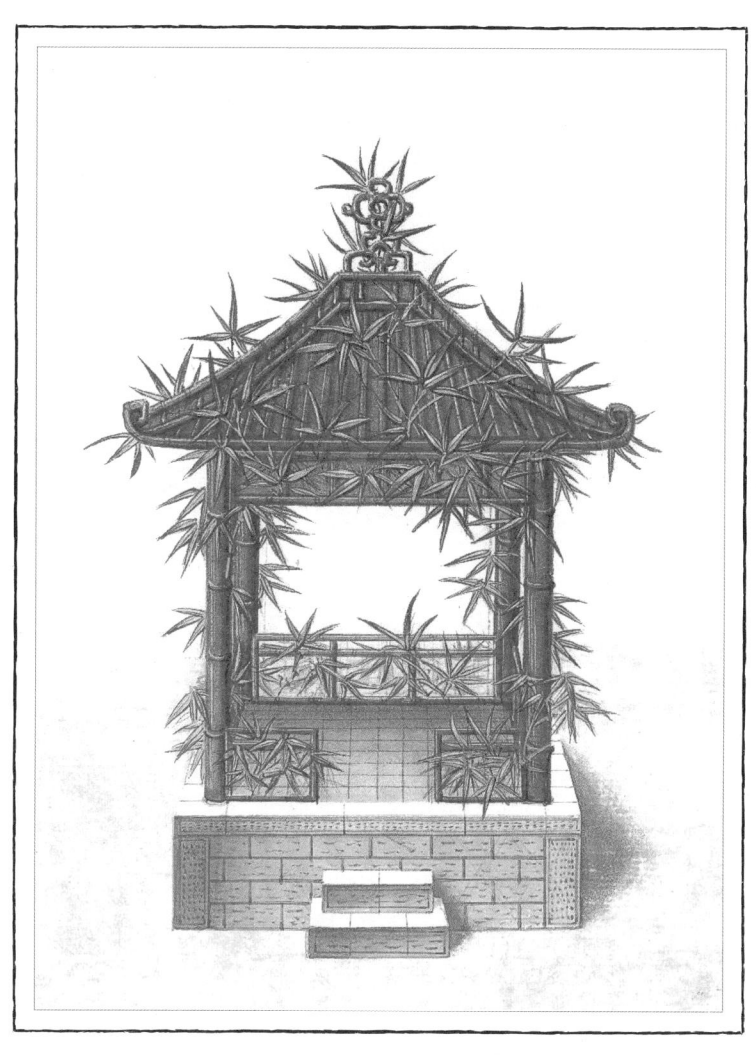

中国的装饰性亭子

中国的装饰性亭子

中国的装饰性亭子

中国的装饰性亭子

中国的装饰性亭子

中国用丝绸装饰的亭子

建在叠石上的中国亭子

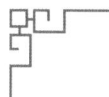

中国人在模仿山中自然山石方面的能力令人赞叹。他们把石块搬到园林里，重新堆放组织，形成对自然景观的整体象征。堆山叠石的过程中做出岩洞、地穴、陡崖、折岸等各种形式。当人爬上堆山高处，会有一所亭子，从亭子中可俯瞰花圃、树木、流水之间千变万化的组合。

中国人把这样的景观称为"山水"。他们认为，不是简单地把山石水木散布在园子里就可以成为园林，中式园林和我们的不一样，水池河流不是几何形状的，相反，他们喜欢的是曲折蜿蜒的河岸，时而平缓时而陡峭，时而整备时而野趣；但为了对他们所模仿出的自然进行美化，他们用亭子装饰池塘，用小桥点缀水曲，唯一的目的就是视觉审美，至少平民家中是这样。而在皇家园林里，目之所及的豪华盛大和奢侈靡费的建设，都成为敛财的手段，同时也是获取各种智力资源的手段。看到建成后的园林，就仿佛看到了建造者在整个帝国内进行的各种征集聚敛。

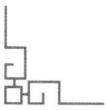

圆明园里的大水面被称为"海"，其中一个海里用堆山叠石的办法造出了小岛，一些石头和水面平齐，其他堆起到不同的高度。这个亭子可以说明，人们希望在一些山石岛顶部建造可以呼吸水面新鲜空气、享受不同角度观景视线且舒适的空间。

建在桥上的中国亭子

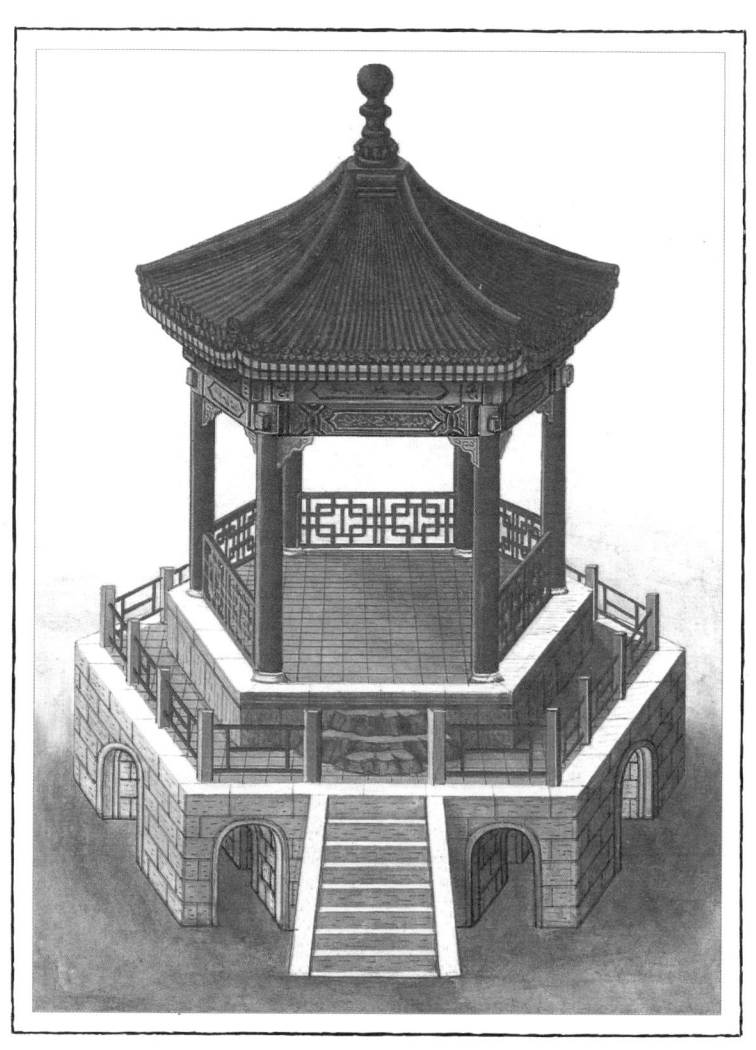

建在水面上的中国亭子

建在水面上的中国亭子

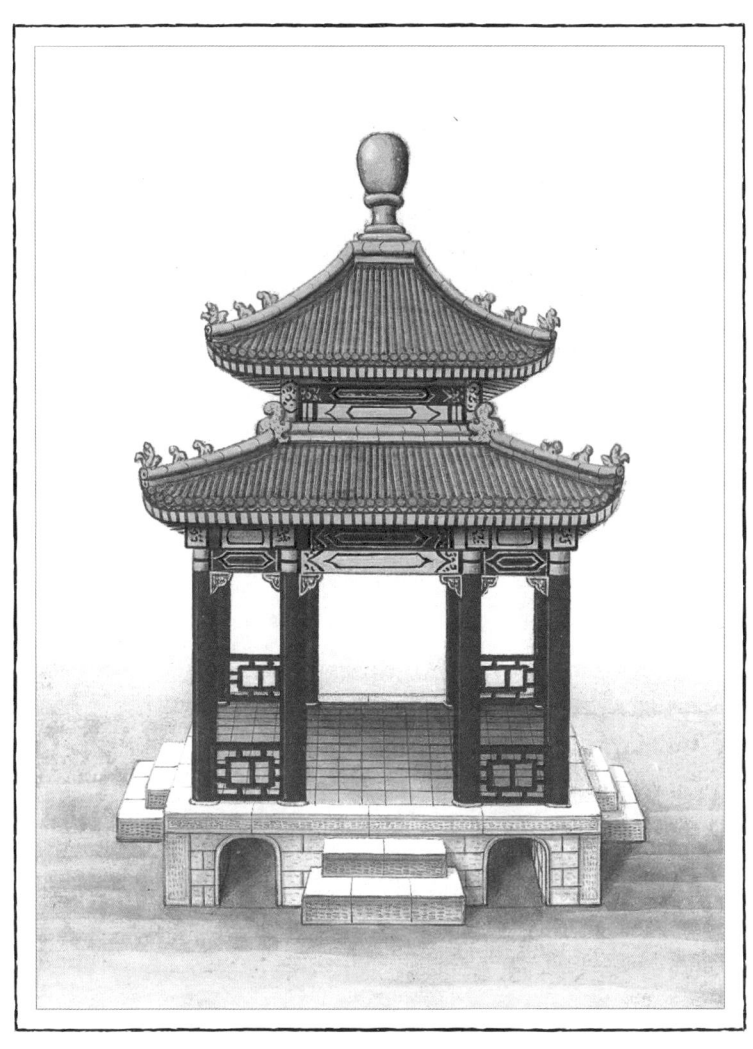

建在水面上的中国亭子

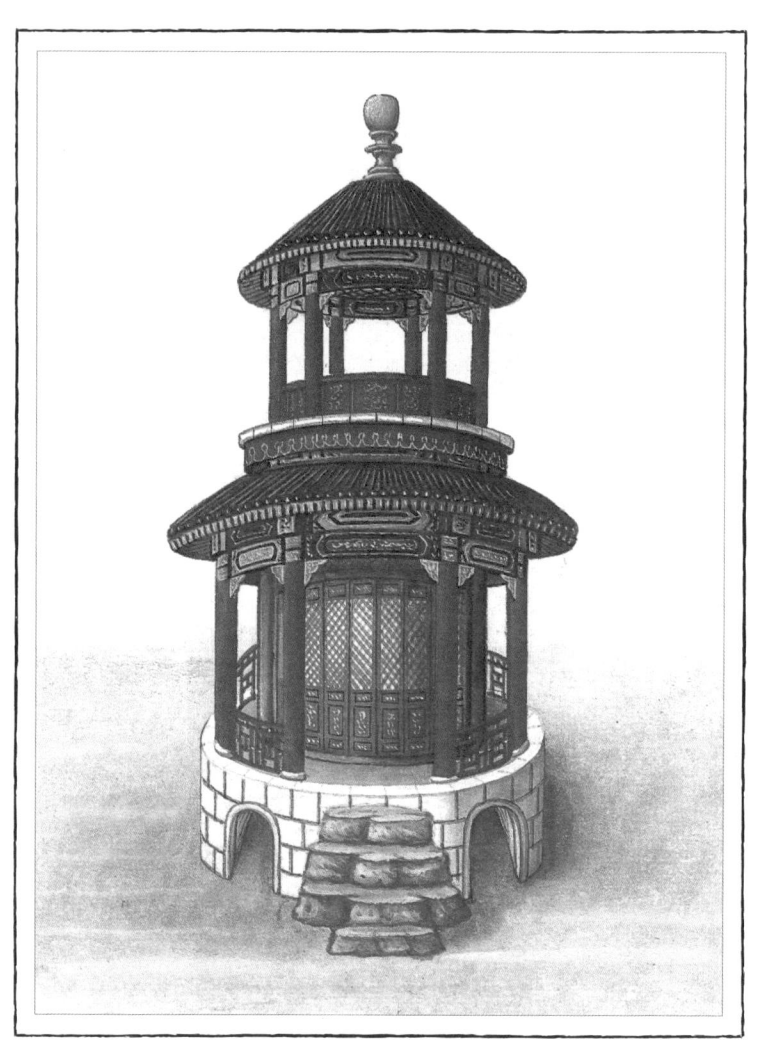

建在水面上的中国亭子

建在水面上的中国亭子

建在水面上的中国亭子

建在水面上的中国亭子

建在水面上的中国亭子

建在水面上的中国亭子

建在水面上的中国亭子

建在水面上的中国亭子

建在水面上的中国亭子

建在水面上的中国亭子

建在水面上的中国亭子

不同的亭子根据被观赏的位置不同，获得了新的趣味意义。它们和已有的亭子相比越新异，就越令人赏心悦目。我们在此只展示了五个桥上的亭子，这些桥都是对风景园林中曲折流水的空间划分，而除此之外的形式也可以出现无尽变化。

五桥

如果我们要对中国建筑做更全面的介绍，包括桥、河岸、堤坝、船闸等，那将是另一篇宏文。在这儿我们倾向于选择最简单的方法，就是重点介绍私家风景园林里的拱桥。但是仔细看的人就会发现，用以建造这些纯装饰属性的桥的知识，同样可以用来在河流水道上建造更加坚实舒适的桥。

私家园林中的拱桥

私家园林中的拱桥

私家园林中的拱桥

私家园林中的拱桥

私家园林中的拱桥

私家园林中的拱桥

私家园林中的拱桥

私家园林中的拱桥

私家园林中的拱桥

私家园林中的拱桥

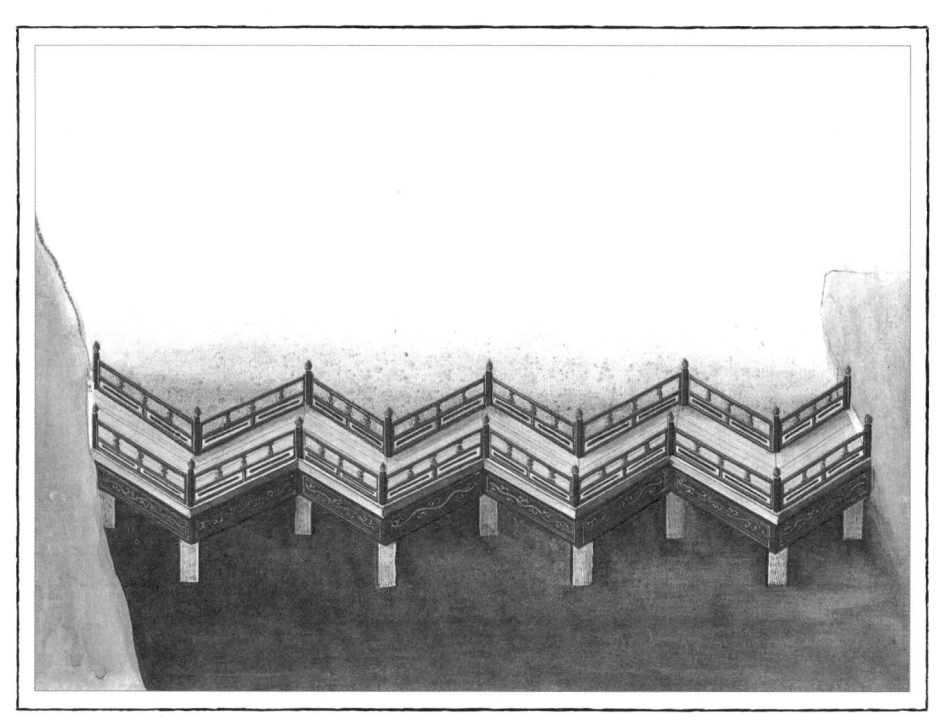

私家园林中的拱桥

私家园林中的拱桥

私家园林中的拱桥

私家园林中的拱桥

六塔

说皇家寺庙而不是国家寺庙，因为皇帝自己拥有很多寺庙，但它们并不属于国家。不同支派的佛教徒们会对塔与塔之间及其各部分之间的区分进行无休止的讨论。

在中国，被称为"塔"的是指为佛祖或灵骨修建的金字塔形的建筑，一般建在寺庙、浮屠和僧房附近，或是建在城市入口处的高地。不同的塔在形式和层数上差别很大。欧洲的建筑师们可能觉得这里面没太多有价值的东西，然而如果我们的学者能在挖掘出一些欧洲中古时期的类似建筑，就可以帮助中国学者发现，这种金字塔形式来自于哪个国家，因为在中国最初的三个朝代中都没有找到这种形式的遗迹。

固然人们在僧尼和佛教徒的墓地会建造同样的塔，但这样的说法确实是独特而惊人的："中午之后、日落之前的空气降临大地，时而会带来死亡，佛塔具有让它转向的力量。""宋书曰，谢尚尝梦其父曰：西南有气至，冲之必死。汝宜修福造塔寺，可禳之。若未暇立寺，可杖头刻作塔形，见气来，指之可却。尚遂刻小塔施杖头。后果有异气从天而下，直冲尚家，以杖指之，气便回散，阖门获全。尚遂于永和四年舍宅造寺，名庄严寺。"（参见《渊鉴类函》卷353）。还是让物理学家们去研究，宗教狂热的愚昧能让多少

自然现象染上错误的神奇色彩吧。几年以前，同一天的雷电让三座塔在完

工之前化为齑粉；一座在北京，火势旺盛是因为正在进行的斩首（当时还

没有取消）；第二座在距北京几十里的地方；最后一座是在长城外面的 Ye

L eo Eulle。（地名，不可考。）

皇家寺庙里的塔

为佛或灵骨建的塔

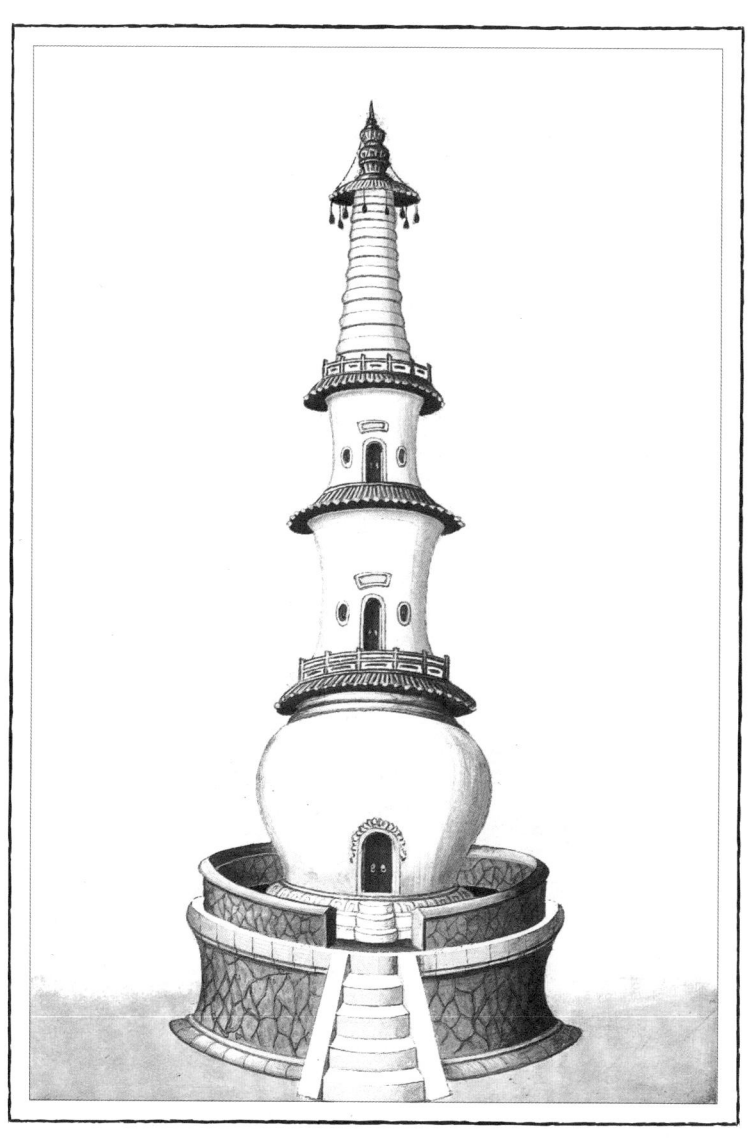

为佛或灵骨建的塔

为佛或灵骨建的塔

为佛或灵骨建的塔

这种塔的形式是现代的

灵骨塔

这种塔每层都挂着许多轻盈的风铃，风吹过时可以发出声音。每个风铃的大小不同，组成类似排钟的一组乐器，但是并没有规律，所以没有音乐上的和谐。尽管这些塔的高度都有三百至四百尺，但人们还是很用心地把它们建在山包和丘陵顶上，再配以反复润湿压实的几层夯土基座。

151

灵骨塔

为佛或灵骨建的塔

为佛或灵骨建的塔

为佛或灵骨建的塔

中国建筑彩绘笔记 下册

如果把普通人的住宅也考虑在内，中国建筑的形式差异就非常大，但仔细研究就会发现这种差异主要是存在于一系列体量、高度、装饰等的变化中，这是由律法所确定的，不仅王公官员家宅如此，连官府和公共建筑也是一样。公共建筑的体量要和它所管辖的行政范围相一致，这或许显得可笑，但中国的政治与管理很好地做到了这一点，甚至还印有专门的书籍，把规格和成本与前面所述的各类细节一一对应。这里的成本包括建造成本和维护成本。比如，律法给每个省份规定了，以千为单位计算，管理不同规模等级城市的官员所在的官府需要多少砖和瓦，花费是多少。如果说这种程度的关注与如此富庶广阔的中国的帝国尊严不太相符，那也要承认这样做让开支更加清晰。

　　在巴黎经常可见很多私人豪宅比大公、爵爷和贵族们的宅子更舒适豪华，而无论它们多么引人注目，都不会对权力秩序产生影响，因为贵族王公们要显示的是阶层，而富豪们要显示的是财富。在中国也是如此。一个百万富翁会在自家的最后一进院子里起高楼，这不会引人注意，但宅院的正门显示他的阶层，所以他不敢在这里做出任何形制与他身份不相符的建筑。这并不是想让一个好运的暴发户难过，只是因为律法很严格，富人的虚荣被限制在自我消遣的层面，只能建造那些形制与现有律法规定毫不冲突的建筑，在那上面他可以随意挥霍。

中国的民间建筑由此找到了自己的使命，并不断实践一些终将舍弃的创新设计理念。在这一点上，民间建筑更容易做到，因为无论古代还是现代的政权，都不断将帝国范围内目之所及的建筑形式聚敛到皇帝周围，而民间建筑因此不得不重新开始创造以便在官家眼中保持谦卑合宜。

这就是最初出现这些二层、三层建筑以及单层建筑多样形式变化的真实原因和动机。一个普通文人府邸里面只有三开间配合门廊，大官员则有五开间，王爷七开间，只有皇上可以有九开间。这些建筑的高度、宽度和进深各不相同，相应的两边的厢房也有所变化。一般人家完全不能建造门廊，也不能有三进院落。这些实在不会引起欧洲人的兴趣，我们说明这些也只是为了在用术语表达彩画内容时不必修改图面。

一 住宅

一般人家的住宅

卫生间、厨房、孩子的卧室都在两侧的厢房里，共同围成院子。

文人宅邸

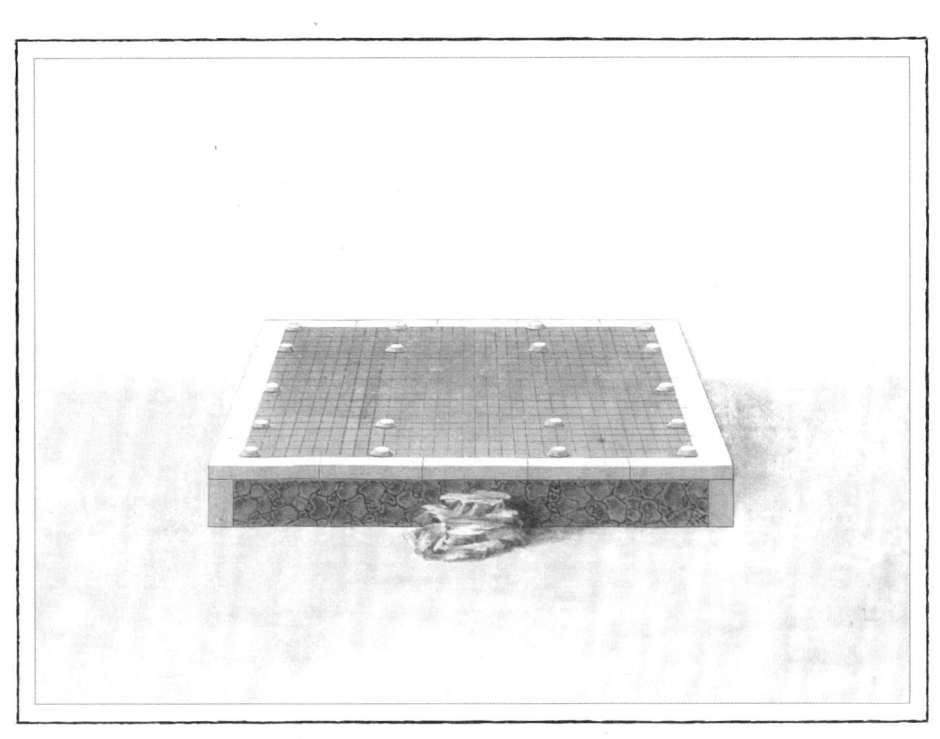

前一宅邸的平面

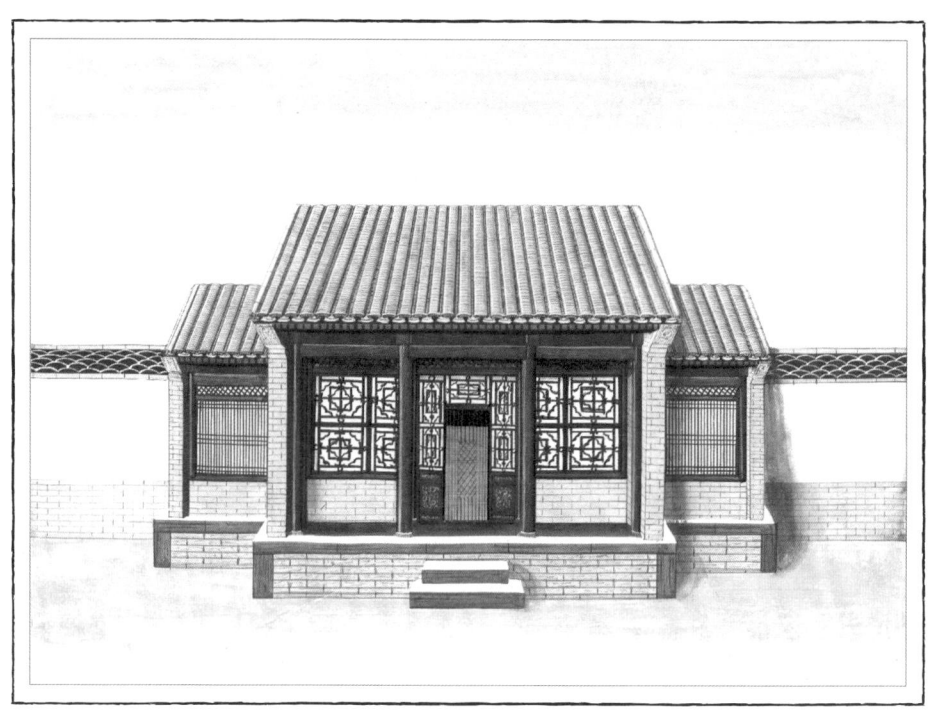

文人宅邸

园林内的宅子

园林内的宅子

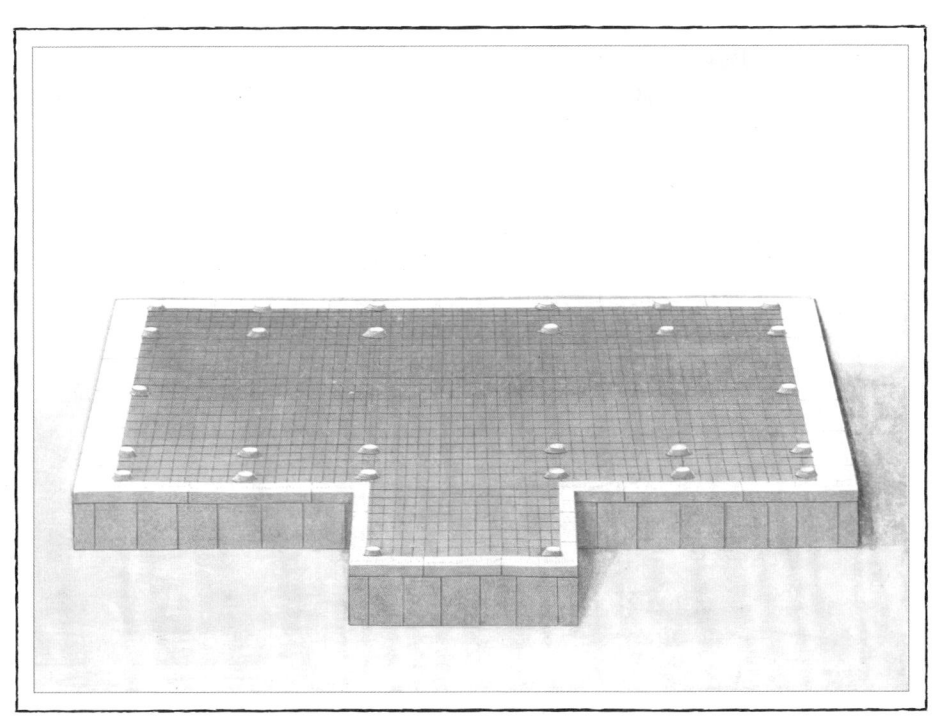

前一个宅子的平面

皇宫里的独立大殿

园林里的独立宅子

皇宫的外大殿，内大殿的屋顶是黄色

前一个大殿的平面

一个大人物的园子大门

这类门的形式非常多样，因为律法只规定了他们在城内府邸的形制。从整体上来看，如果把坟墓排除在外，每个人在乡下按自己意愿建造的奢华别墅就像溃疡，它们的局部发泄可以保持整体的健康有序。

前一个大殿的平面

园林入口的设计

皇宫里面的皇家园林大门

皇宫里的独立楼阁

两层的房子

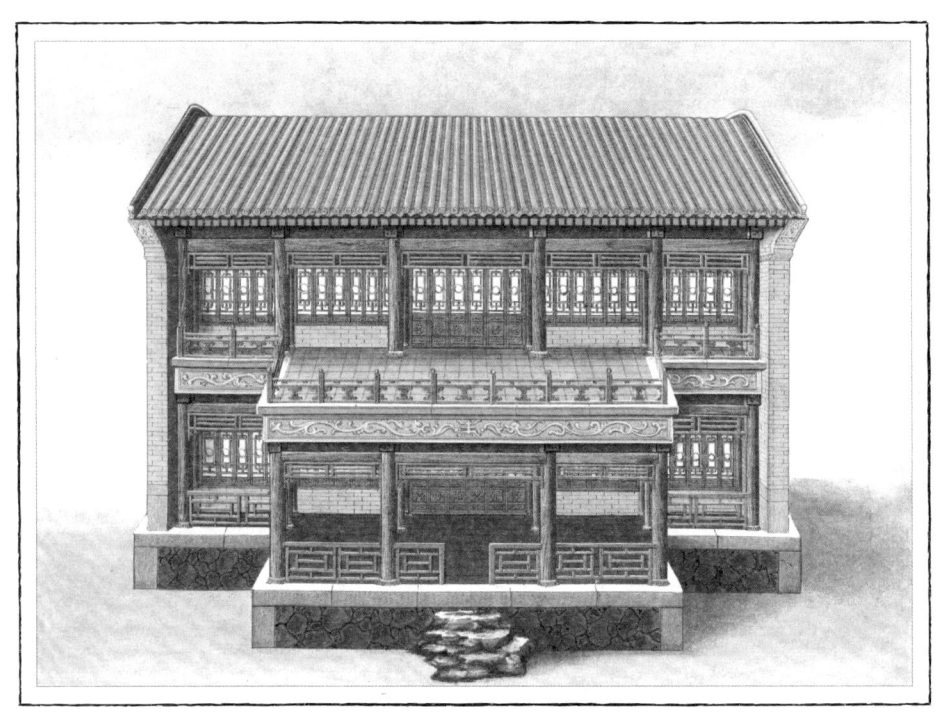

这种风格的建筑只出现在宫殿和府邸的后院，或在园林的一侧，或在游憩用的宅院里。

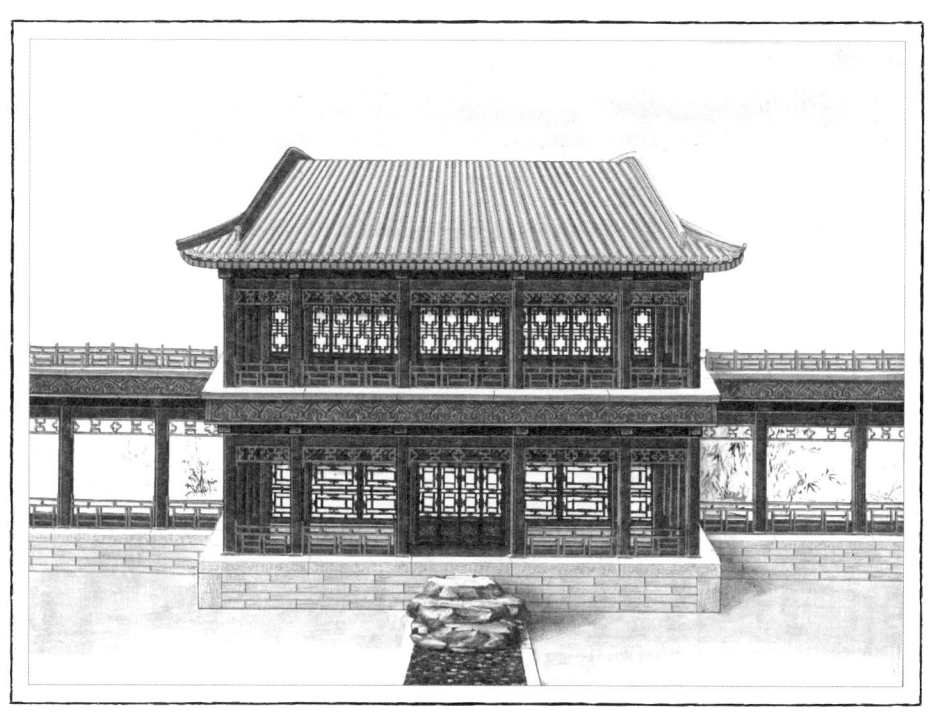

两层的房子

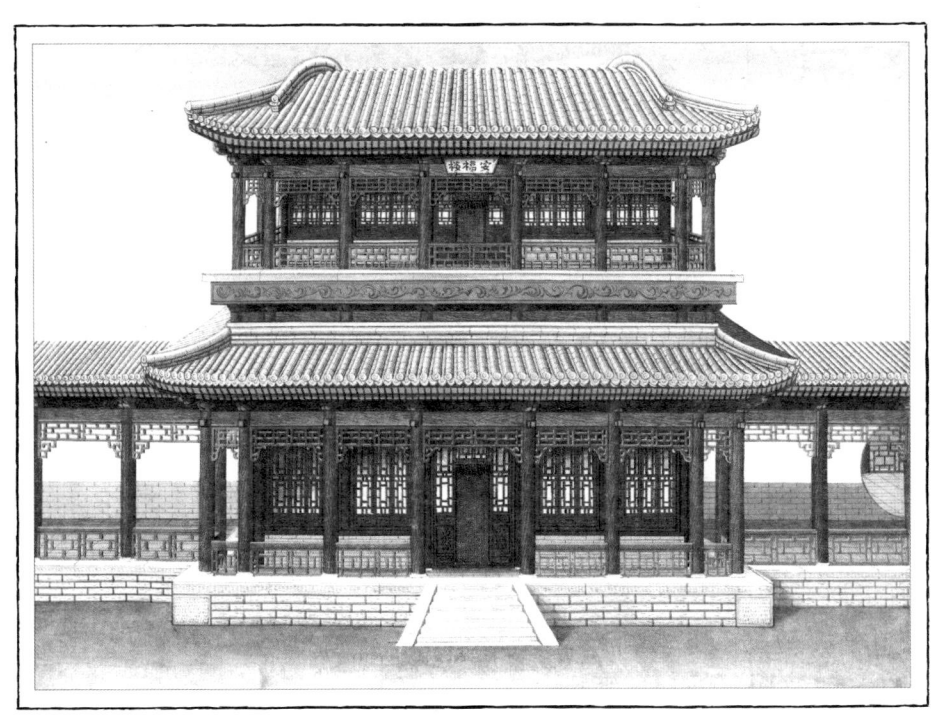

两层的房子

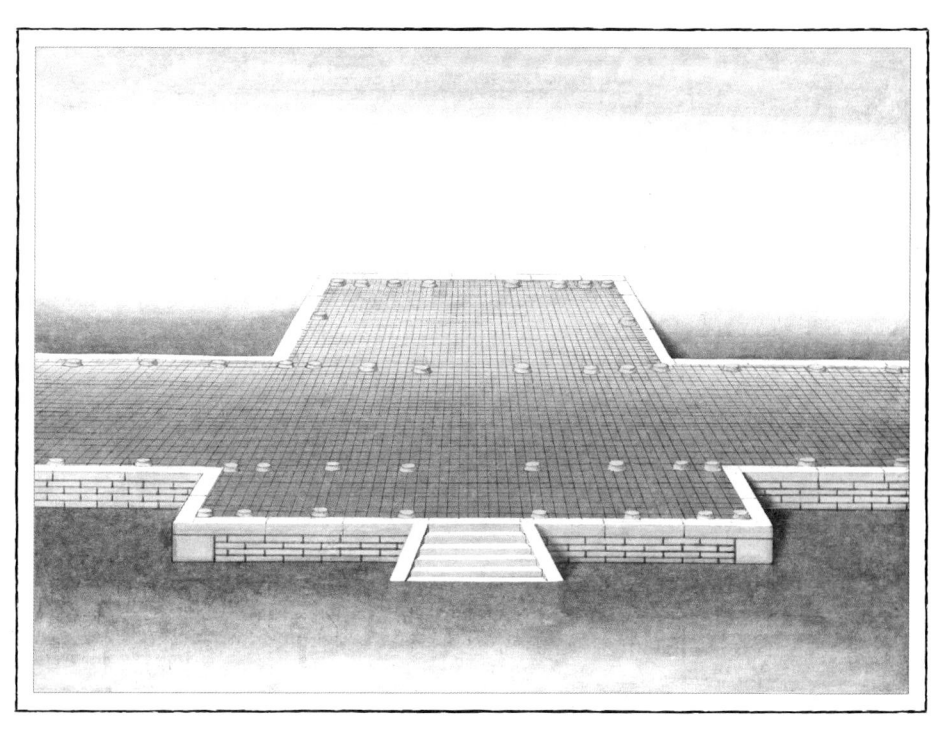

前面一个房子的平面

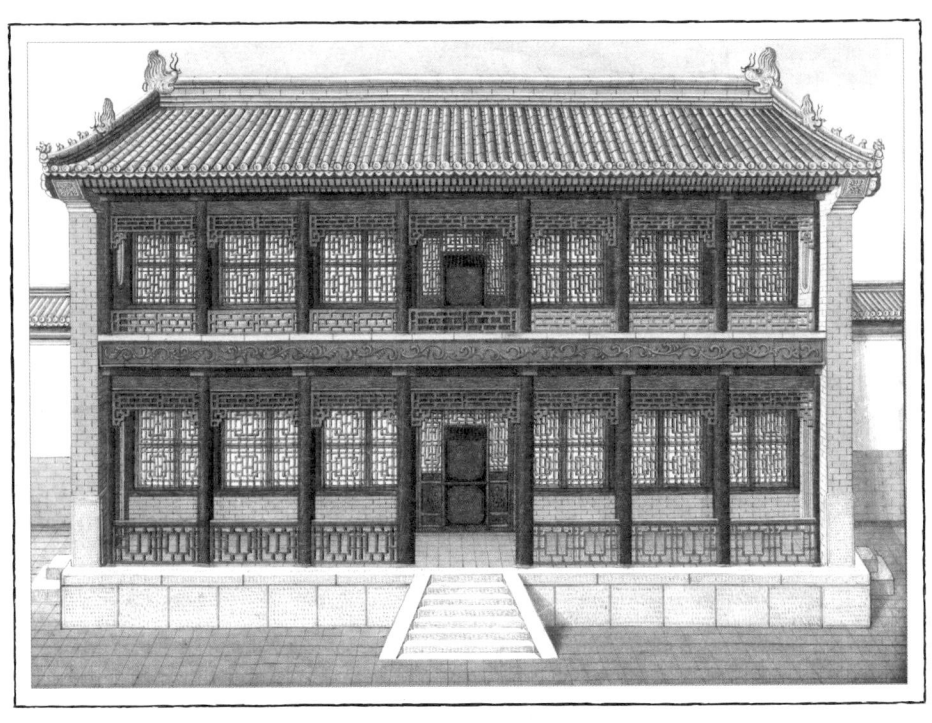

两层的房子

前面一个房子的平面

两层的房子

这个双层的建筑只出现在圆明园里或是城里的园林里。皇帝和百姓一样，也得遵守律法。宫里所有的住所建筑都只能有一层，而且所有的体量、装饰、甚至屋瓦的色彩都是有规定的。律法抓住机会对最细微的事物做出规定来强化和保持阶层身份特征，这些不能用任何创新来僭越的特性征服和控制其中的每个人。

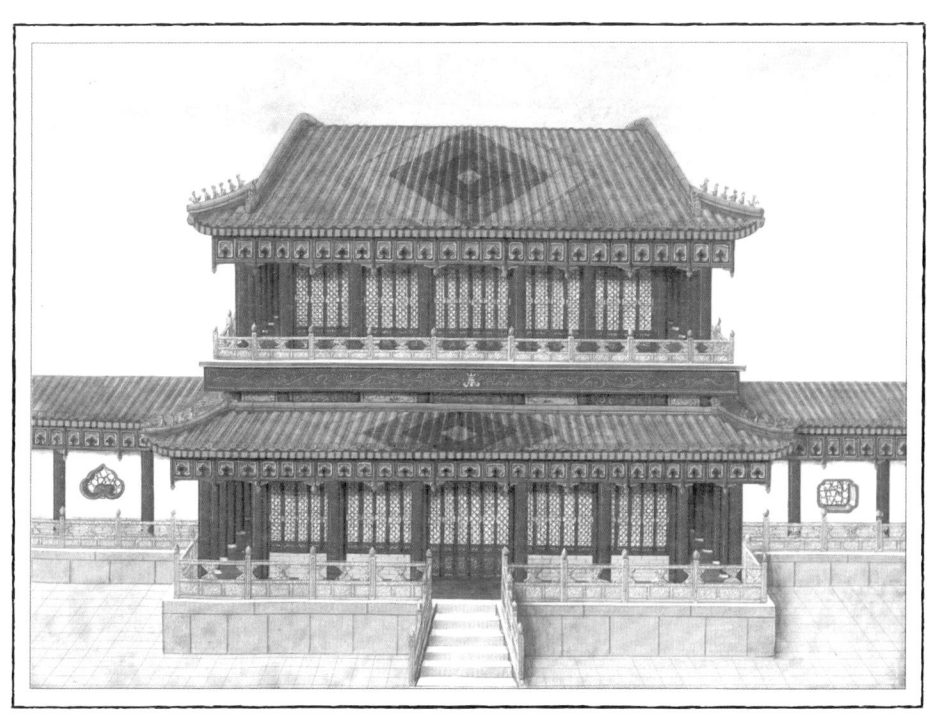

前述的两层房子

前述的两层房子

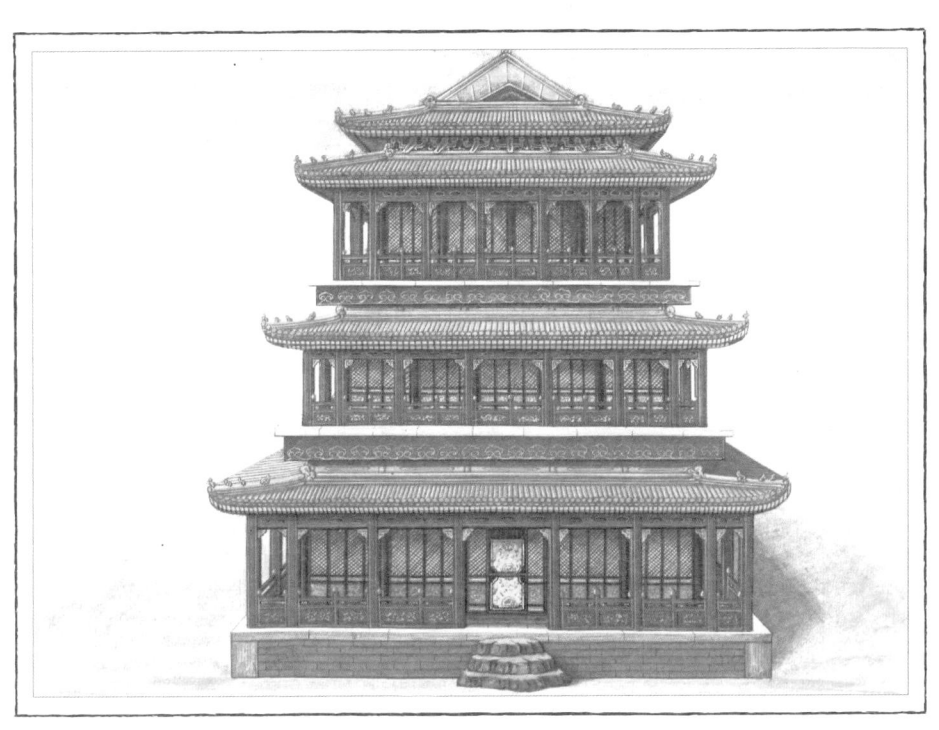

皇家园林里的三层建筑

律法将两层建筑排除在公共建筑和民间建筑的法定形制之外，这一点可能会挫伤欧洲读者们的想象空间。有些人会认为这种形制规定不仅荒谬，而是文明低级、不开化的表现，他们可以想想在我们的古代建筑里又有多少是两层以上的呢。而中国的基本情况是，地震频发，所以建造材料不得不选用木头为主，考虑到北京严寒的冬天，以及温度时常达到摄氏零上三十至四十度的夏天，两层以上的建筑就很不宜居了。

况且，从王公大人到皇上使用的宫殿，都建在高于地面层的平台和基座上，两层建筑能否用这样的方式从院子的地面层升起也是值得怀疑的。那些对中国做法有保留意见的人们，似乎还应该试着发现单层建筑的好处，就是可以自由增加院落进数同时较好地促进新鲜空气流通，这在城市里尤其重要。但最重要也最值得关注的问题是，所有建筑的立面都朝南，这是在一年四季都最利于健康的方位和朝向。在这一点上的共识非常强烈，所以这个建筑传统压倒了其他方面的考虑，诸如对称性、城市视觉风貌等，使得所有房屋都坐北朝南而建。

我们曾经想要尝试对中国建筑的各个部分都做出分析猜想和总结，包括体量、比例，以及带有院子、建筑、回廊、屋顶以及檐廊等的不同平面，但仔细考虑之后，觉得还是不急着这样做，先让这些有代表性的彩画把能表达的信息都表达出来，然后再深入到那些我们目前还无法进入的细节中去吧。

二 内厅

想了解中国人如何对室内空间进行划分、装饰和家具摆放似乎是比较容易的。光是看他们的建筑平面就可以感觉到中国人的做法和法国非常不同。为了更好地说明他们的做法，需要先了解一些相关的细节和观念，包括他们的生活习惯、传统风俗甚至政治环境，一年四季的不同气温，他们的品位、风尚，以及对家具、绘画、装饰等艺术的使用方式。

对我们来说，卧室里有一张床已经是非常富裕奢侈的事了，而中国人不会想着有一张更大的床，就像法国人不会想着要在室内放个带夜壶的圈椅是一样的。类似这样的情况还有很多，介绍室内细节的时候都要提前说明清楚。这些画面能表达的信息我们就不再解释了，在确实需要的地方后续还会有所补充。

带有火炕的鞑靼贵族客厅

富裕人家的偏厅

富裕人家的前厅

富裕人家的偏厅

富裕人家的前厅

富裕人家的正厅

王公和有地位的人家的客厅

王公和有地位的人家的宴会厅

爵爷贝勒的议事厅

画面深处的台子叫宝座，是象征鞑靼人权力的座位，坐时要盘腿。一般情况下，如果没有礼仪的要求，王爷贝勒不会坐在宝座上，而是坐在台子上，让他以友相待的人坐在自己旁边，或者在自己对面赐椅坐，这是一种礼遇，赏赐凳坐也是一种恩荣，只有在对待平民时才会让对方站着甚至在对方进出时自己也不站起来，要么就故意惩罚或侮辱来者。

爵爷贝勒的议事厅

爵爷贝勒的议事厅

三 台

下面十四幅彩画都是中国人称为"台"的建筑；大家乍一看要么就是觉得作者弄错了，要么就觉得非常惊讶和好奇。惊讶，是因为到现在为止，在我们已经看到的中国建筑里，没有任何元素可以让人联想到中国建筑里还能有这样的存在。好奇，是因为这些"台"的高大、美丽和无用的奢华，和之前鼓吹的那些节约的政治要求完全不相符，所以这种特例背后的出现动机就令人好奇。而关于这一点就说来话长了，要从"台"的最初源头以及一些古老建筑留下的信息说起。

在周朝建立之初，也就是大约公元前十二世纪末，周王在其宫殿里建了三种"台"，一种叫"灵台"，是用来观星的；一种叫"池台"，是用来观察天气变化的；一种叫"苑台"，是用来观察城郊乡野地区的。那时候在中国各地的封建领主，就像我们今天在法国阿基坦和布列塔尼地区的公爵一样，他们只能建后面两种"台"，也就是"池台"和"苑台"。据说这些"台"有的高达 210 尺、600 尺甚至 1000 尺，当然这是值得怀疑的，至少 1000 尺这个数字不可信。（法尺，法国古长度单位，相当于 325 毫米，1000 尺就是 325 米，确实值得怀疑。——译者注）

同时，由于周朝末年，国境内封地众多，各位封建领主都痴心妄想能用这些"台"的高大美丽来彰显自己的权威和统治，这也可能是我们看到的城市周边那些灵骨塔最初和最真实的出现原因。而统治了中国两千多年的君主专制制度被推翻了之后，各个省也从此不能再建自己的"池台"和"苑台"，这就让前面这一推断更加可信。因为"台"是皇家之所、永恒的地标，所以历朝历代的皇帝都花费巨资在他们的首都周围兴建大量的台。这些建筑蕴涵着它们古老的功用，而这种功用已经不再明显了，也不需要再建那么多了。

　　偶像崇拜给予这些建筑一个机会来维持它们形式上的存在，就是用作灵骨塔并赋予其新的建筑形式。下面这些图里的建筑，还是让有品位的艺术鉴赏专家们去区分哪个是传统的灵台、池台和苑台吧。虽然这些平面和彩画不能给我们的建筑艺术提供如希腊罗马艺术那样的巨大启迪，但就当成是高乃依阅读罗特鲁的作品，不经意间也能让自己原有的天赋得到些实际具体的激发。

台

台

台

台

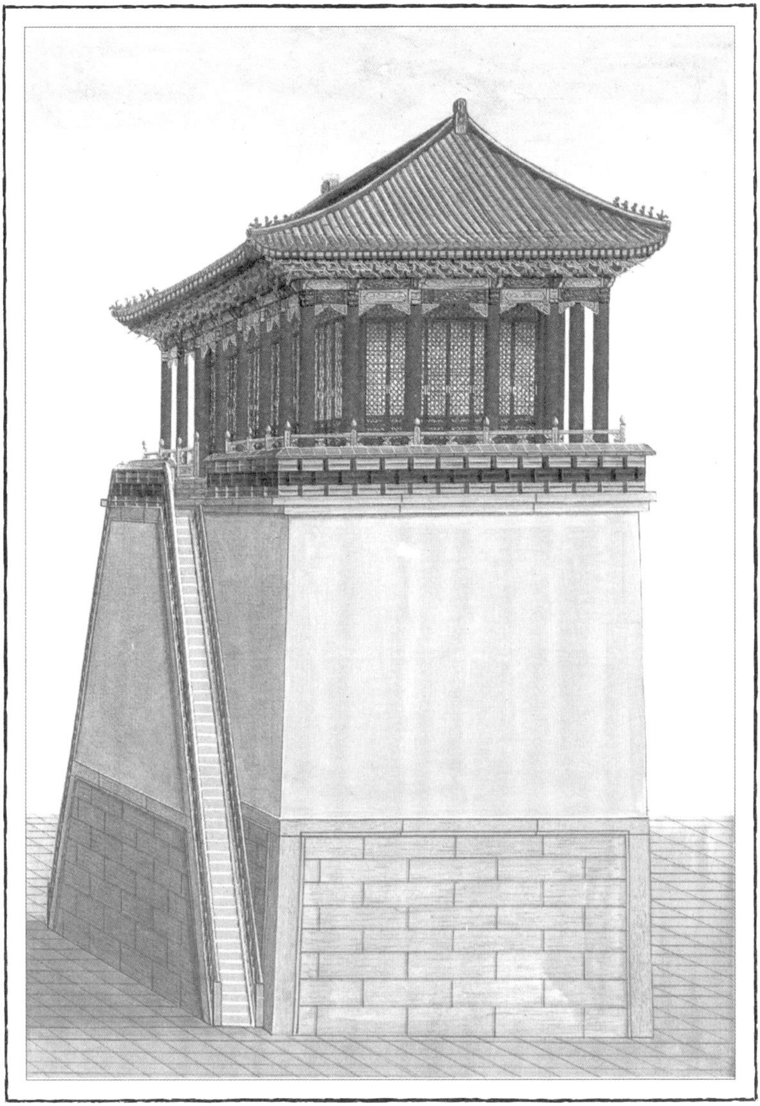

台

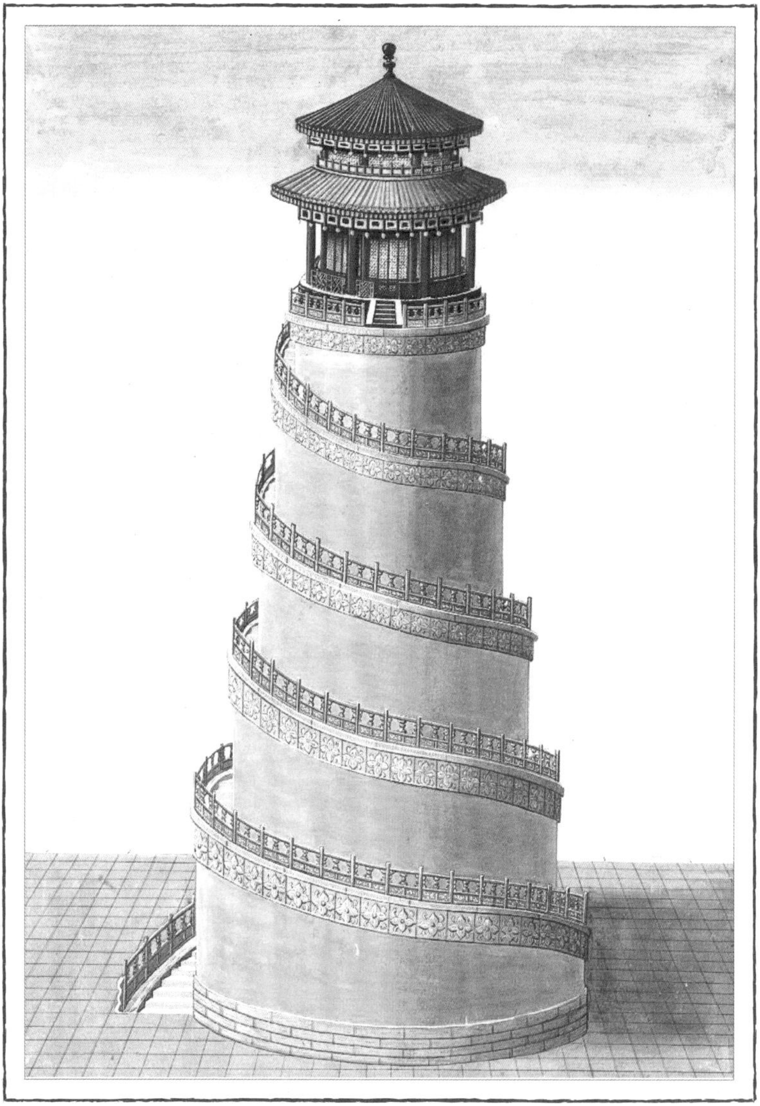

台

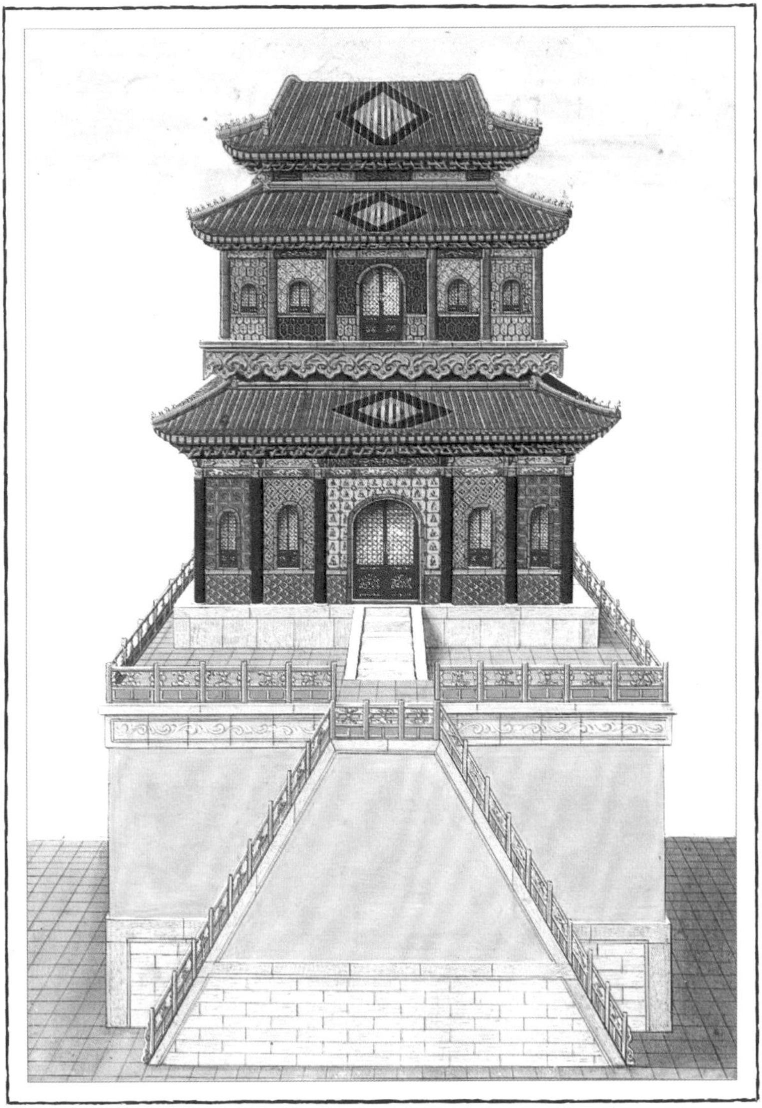

台

台

台

217

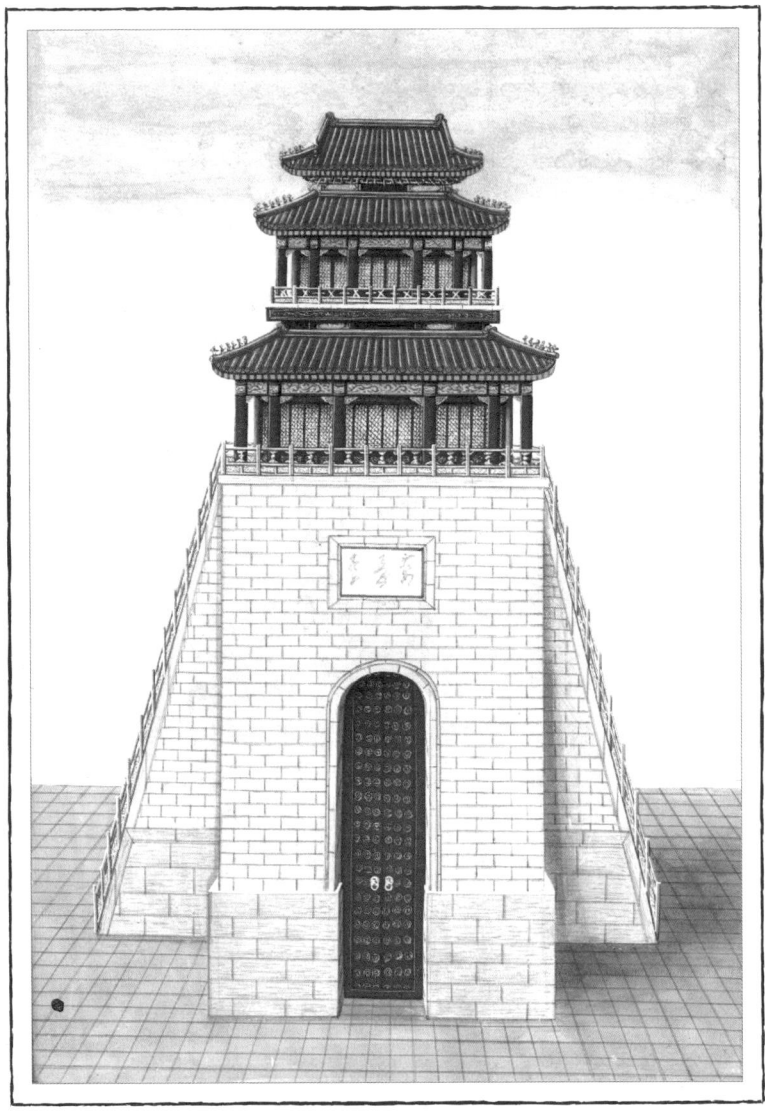

台

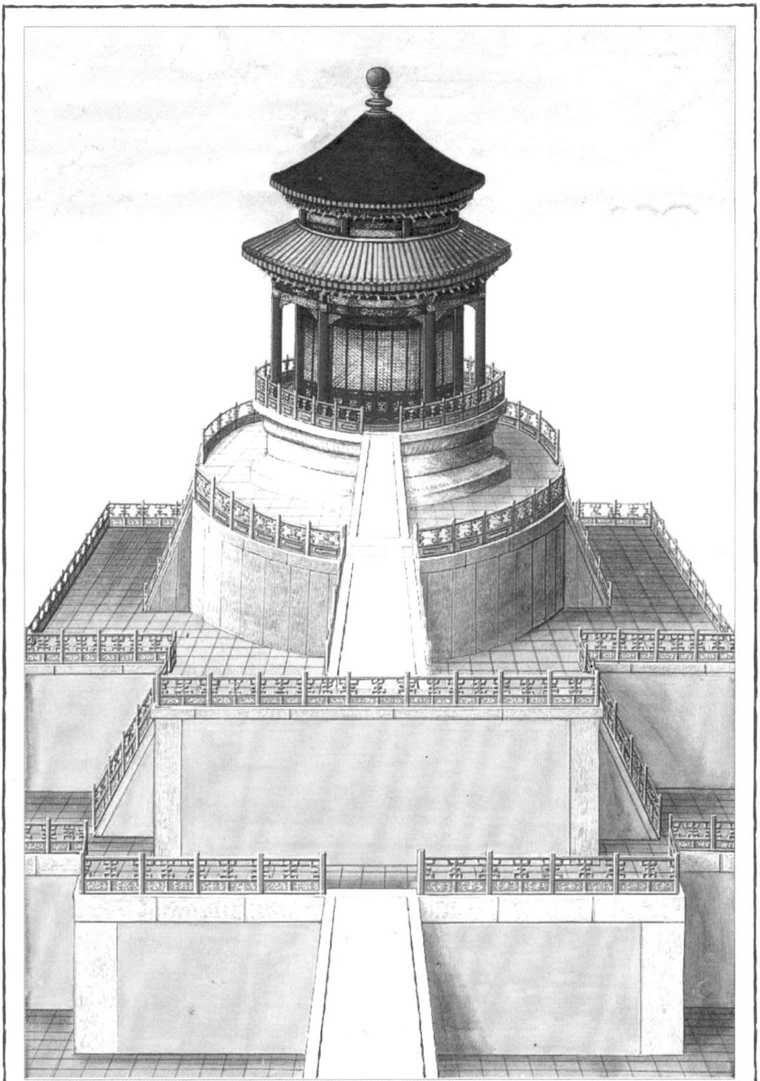

台

台

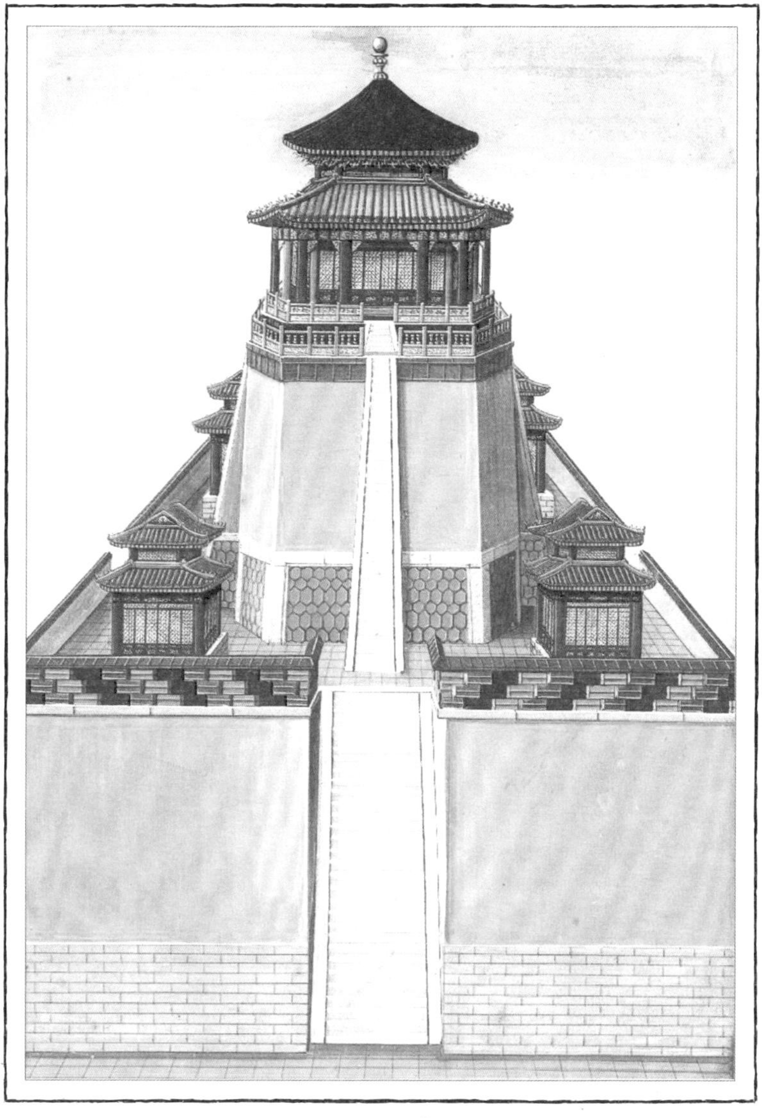

台

台

附：满族八旗兵营军官的住宅平面 ○⋯⋯⋯⋯⋯⋯⋯⋯

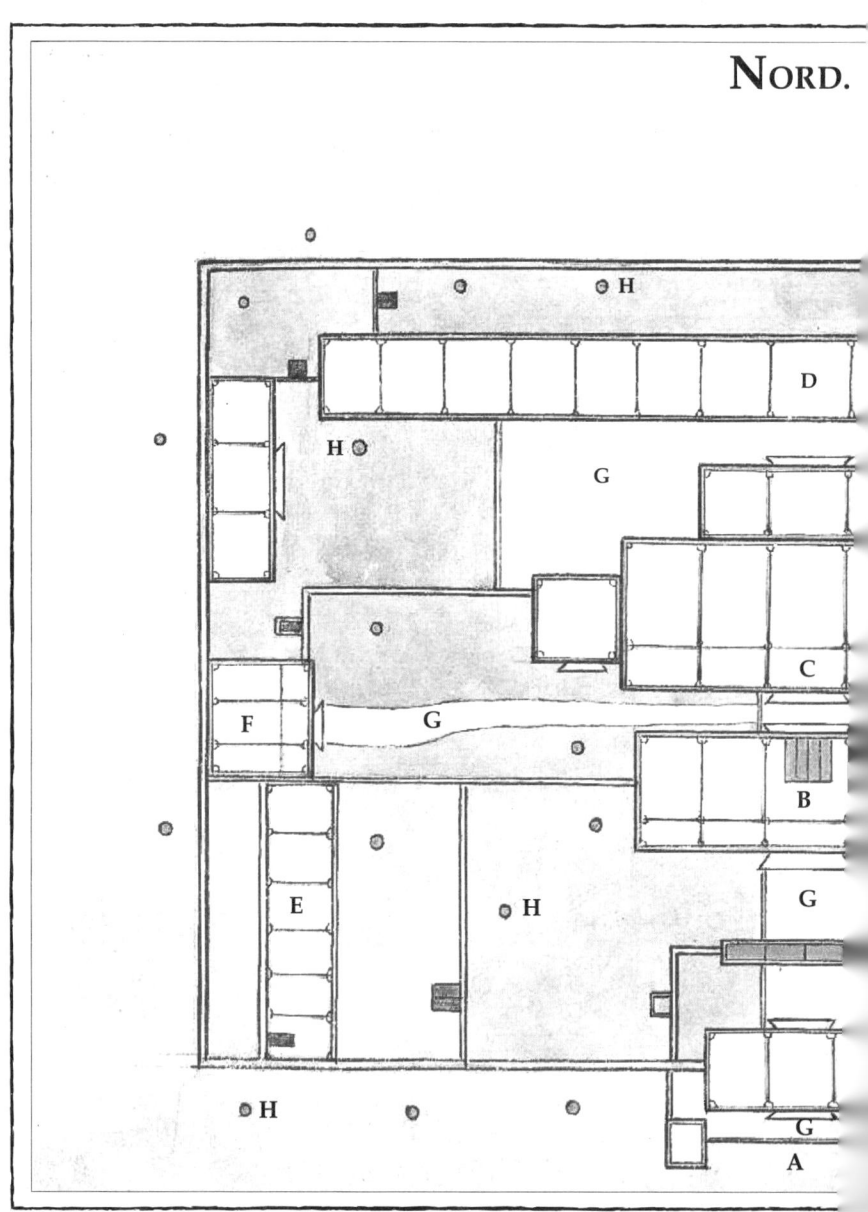

NORD.

D

H

G

C

F   G

B

E   H   G

G

H   A

在这个彩画集最后我们附上一个满族八旗兵营军官的住宅平面，以下是平面各部分的功能说明：

A. 入口大门
B. 会客厅
C. 内院住所
D. 内眷和子女的住所

E. 仆从的工作和居住空间
F. 簿记厅和书房
G. 砖铺砌的道路和园子
H. 园林植物

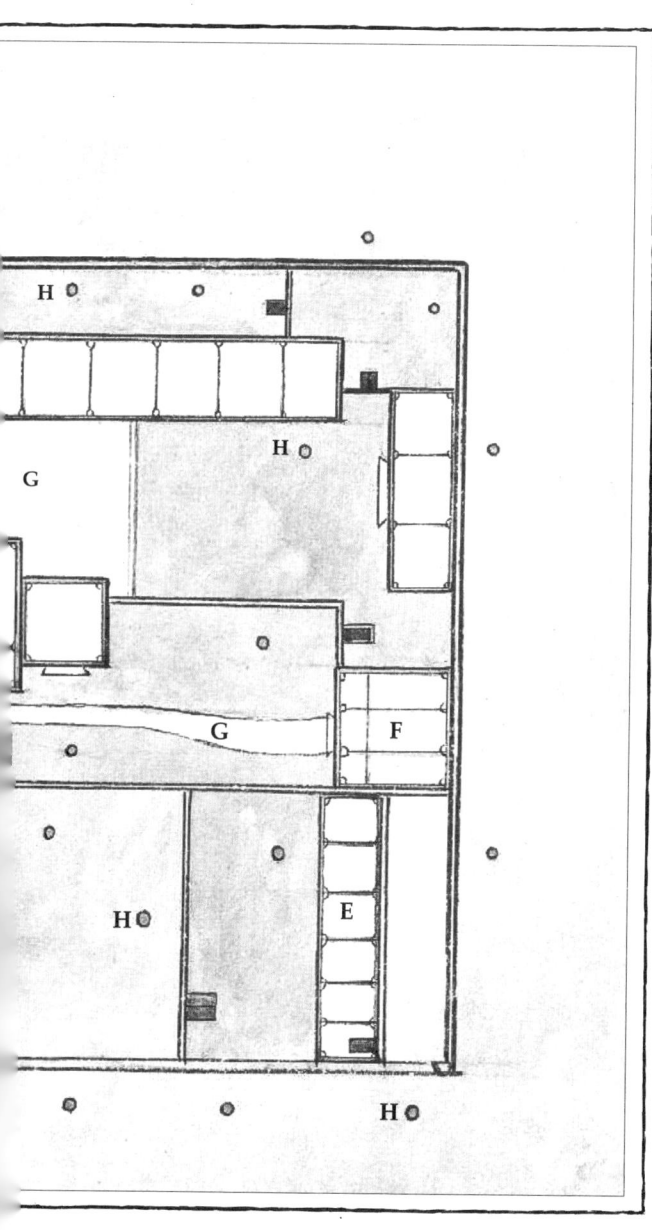

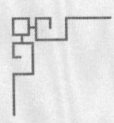

我们用以下几点重要内容来结束本书。

1. 中国各省的平民百姓居住条件都非常差。这并不单纯是因为劳动力不足，也不是材料不够。那是什么呢？仔细观察就会发现，国家政府一直在促使社会风俗这样发展，如果不算那些商铺林立的大街道，即使在北京也有很多像在乡村里一样的土坯房屋。这说明什么呢？留待智慧的学者们去研究和发现，一个政权所承诺的社会效应到底是否能够出现，抑或只是空头远景。

2. 那些需要做到足够坚固以实现其功能的公共建筑和大型工程设施在中国都建造得很完备，不必细数长久以来沿用各朝代的桥梁、堤坝、城楼、水渠等，但那些纯粹为了用光鲜亮丽表现华美浮夸的建筑却都很短寿，不过是当了几年的装饰物而已。这一点中国人自己应该更加清楚。他们本可以用同样的方式建造所有的建筑物，但为什么他们没有？这样做有什么好

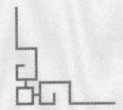

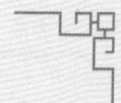

处？政权从中看到了什么价值？值得深思。在这一点上要建立起两个事实的联系，一个是建筑的修缮费用来自每年的财政收入，第二个是建筑修缮的组织需要占用物料资源及相关领域的专业工匠。同时修缮还需要王公官员们竭智尽力以获取社会各方面的配合，包括被政府需求波及到的百姓、被物料征敛压迫的地主富户等。还是让学者们去研究其中的问题和后果吧。我们越是审视中国王权及其运作，就越觉得一切都经过了深思熟虑。

3. 最后一点，建筑艺术的顶峰之作都用于宗教建筑，或是受到皇权庇护的偶像崇拜功能的建筑。天坛在所有寺庙里独一无二，它是中华帝国的寺庙。只有天坛的围墙可以传达这一信息。同时其内部的一切都富丽精致、巧夺天工。天坛的设计平面不允许在任何其他地方使用，哪怕是皇宫也不可以。

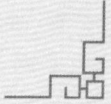

作者简介

佚 名

姓名、履历已不可考的法国传教士。

译者简介

范冬阳

女，1986 年生。

清华大学城乡规划学博士、建筑学学士，法国巴黎政治学院城市规划硕士。

曾于 2015 年代表中国三十岁以下年轻人在法国里昂参加全球气候峰会总统论坛并与时任总统奥朗德进行对话；于 2013 年中法建交五十周年之际为来北京访问的巴黎副市长担任翻译；另有多篇译作发表于不同出版物，促进城市与建筑领域的中法交流。

想 象 之 外　品 质 文 字

藏在木头里的灵魂：中国建筑彩绘笔记

策　　划｜领读文化　　　　　　　排版设计｜张珍珍

责任编辑｜孟繁强　　　　　　　装帧设计｜好谢翔

更多品质好书关注：

官方微博 @ 领读文化　官方微信｜领读文化